中国典型铀矿床
岩石物性特征

邓居智　陈　辉 等　编著

科 学 出 版 社
北 京

内 容 简 介

本书在系统介绍岩矿石标本物性参数测定，以及数据统计和图示方法的基础上，基于作者近年开展深部铀资源勘查的岩石标本物性测量数据，分别总结了江西省相山火山岩型铀矿田、广东省下庄花岗岩型铀矿田及陕西省商丹伟晶花岗岩型铀矿床典型岩石的密度、磁化率、电阻率及极化率等物性参数特征，并进行了多参数交互分析。为便于读者使用，书中以附录的形式给出了 3 个矿区岩矿石标本物性测量的原始数据。

本书是我国首部系统总结铀矿床岩石物性特征的专著，书中数据对我国硬岩型铀矿勘探具有重要的参考价值。本书可作为地质资源与地质工程、地球物理学等相关专业的教学参考书，也可供高等院校师生、科研单位的研究人员及生产单位的工程技术人员参考使用。

图书在版编目（CIP）数据

中国典型铀矿床岩石物性特征 / 邓居智等编著 . —北京：科学出版社，2019. 5

ISBN 978-7-03-060301-2

Ⅰ. ①中… Ⅱ. ①邓… Ⅲ. ①铀矿床–岩石物理性质–研究–中国 Ⅳ. ①P619. 140. 4

中国版本图书馆 CIP 数据核字（2018）第 297472 号

责任编辑：张井飞 白 丹／责任校对：张小霞
责任印制：肖 兴／封面设计：耕者设计工作室

科学出版社 出版

北京东黄城根北街 16 号
邮政编码：100717
http://www.sciencep.com

北京画中画印刷有限公司 印刷
科学出版社发行 各地新华书店经销

*

2019 年 5 月第 一 版 开本：720×1000 1/16
2019 年 5 月第一次印刷 印张：10 3/4
字数：211 000

定价：118. 00 元
（如有印装质量问题，我社负责调换）

前　言

我国铀矿找矿工作始于 1955 年，已经找到了多种类型的铀矿床，探明了数量可观的铀矿资源储量，为中国核军工和民用核电的发展提供了很好的铀资源保障。在铀矿找矿的 60 多年进程中，放射性勘查方法是我国应用最早、最为广泛的一种地球物理方法，目前，90% 以上已发现的铀矿床都是通过放射性勘查方法发现的。但是，随着找矿目标体埋藏深度的不断变深，地下地质环境、构造等的复杂程度的加大，传统的放射性地球物理方法对深部铀矿体的探测能力有限，其在铀矿找矿工作中的作用逐渐减弱。

自 20 世纪 90 年代末期开始，除放射性地球物理方法以外，重力、磁法、浅层地震、电法、电磁法等普通地球物理方法开始应用于我国深部铀矿找矿中，但除地面重力和高精度磁力测量以外，大部分普通地球物理勘探均布设剖面性工作，较少开展岩矿石物性（密度、磁性、电性、弹性、放射性）测量。与此同时，和其他金属矿勘探不同，铀矿勘探大多仅做放射性测井工作，很少开展综合测井工作，这使得我国典型铀矿田（床）的岩矿石的物性资料缺乏。而岩矿石的物性差异是地球物理勘探的基础，岩矿石的物性也是联系地球物理和地质的纽带，全面的物性资料是对地球物理探测结果进行可靠地质解释的基础。同时，随着深部铀矿地球物理勘探的难度增大，以及地球物理方法研究的深入，对岩矿石的物理性质研究，特别是对接近自然赋存状态下的岩石物性研究具有重要意义。

基于我国铀矿田岩矿石物性资料不够全面的现状，以及物性资料对我国铀矿深部找矿突破的重要性和紧迫性，作者很早就酝酿这本书，早期苦于没有系统的原始资料，未能完成，幸运的是，近年来，作者在铀矿找矿领域承担了国家自然科学基金、国家核能开发、中国地质调查局及中陕核集团科技项目等项目，对我国江西相山火山岩型铀矿田、广东下庄花岗岩型铀矿田及陕西商州–丹凤–商南地区（简称商丹）的伟晶花岗岩型铀矿床开展了系统的岩石物性调查研究，获取了大量的物性测量原始数据，总结了上述 3 个铀矿田（床）典型岩石（地层）的密度、磁性、电性、弹性等物性特征，力图为我国的铀矿找矿提供基础数据资料和参考。

常用的岩矿石物性参数获取方法有标本测定法、野外露头观测法、物理场观测反演计算法、井中观测法 4 种。其中，标本测定法是较直接、易控制、精度较高、单解的物性数据获得方法，因此，本书的物性数据主要来源于标本测定法。

全书共分 4 章，第 1 章介绍了岩矿石密度、磁性、电性和波速等参数测量中标本采集及处理、基本方法及数据统计和图示。第 2 章介绍了我国最大的相山火山岩型铀矿床的地质概况、物性测试概述，以及重点分析了相山铀矿田的典型地质单元的密度、磁化率、电阻率、极化率等物性特征和它们与深度的关系。第 3 章介绍了我国最大的下庄花岗岩型铀矿床的地质概况、物性测试概述，以及重点分析了下庄铀矿田的典型岩体的密度、磁化率、电阻率、极化率等物性特征及它们之间的关系。第 4 章介绍了我国新型的陕西商丹伟晶花岗岩型铀矿床的地质概况、物性测试概述，以及重点分析了光石沟、小花岔、纸房沟及高山寺 4 个重点工作区典型岩体的密度、磁化率、电阻率等物性特征。为便于读者查阅，书后附了部分物性测量的原始数据。

　　本书由邓居智、陈辉完成，李红星、谢尚平、王彦国、蒋才洋参与了大量的测试工作和部分章节撰写工作。此外，博士研究生余辉，硕士研究生郭猛、孟小杰、祝福荣、周彪华、蓝泽鸾、蒋亮、李磊、尹敏、张磊、邱姜欣、丁文伟、许文军、赵航、黄贤阳、刘星、覃田赐等，也参与了野外标本采集、物性测试及图件绘制工作。正如前文所述，本书是作者及团队多个项目的研究成果，还有很多老师、研究生和本科生参加岩石标本采集和测试工作，在此一并深表谢意，特别感谢长期从事放射性地球物理教学与科研的刘成教授对本书的鼓励和支持。本书的出版得到了国家自然科学基金（41674077，41404057，41604104）、国家核能开发项目（科工技 2013［969］号），以及地质资源与地质工程江西省一流学科的资助。

作　者

2018 年 5 月于东华理工大学

目　　录

第1章 岩石物性测定和统计方法

物性是联系地球物理和地质的纽带，扎实的物性资料是可靠地质解释的基础。岩矿石物性参数主要有密度、磁性、电性、波速、放射性、光谱学性质参数，以及孔隙度、渗透率等物质结构性质参数等。其中，密度、磁性、电性、波速参数分别对应的物探方法是重力勘探、磁法勘探、电法勘探、地震勘探。物性调查中获取岩矿石物性参数的方法有标本测定法、野外露头观测法、物理场观测反演计算法、井中观测法4种。其中，标本测定法是较直接、易控制、精度较高、单解的物性数据获得方法。据此，本章在参照《岩矿石物性调查技术规程》（DD 2006-03），并查阅相关资料的基础上，结合近年来关于岩石标本物性测定方面的研究，简要介绍岩石标本的密度、磁性、电性、波速参数的测量和数据统计方法。

1.1 岩矿石密度的测定

岩矿石的密度是指单位体积物质的质量，其单位为 g/cm^3 或 kg/m^3。地下不同地质体之间存在的密度差异是开展重力勘探工作的地球物理前提条件，地质体的密度也是对重力测量结果进行地形校正和中间层校正，以及重力异常的正演计算、反演解释的重要参数。因此，对岩石密度的测定及对测定结果的分析研究是重力勘探工作的一个重要内容。

1.1.1 标本采集与处理

要了解某一研究区典型岩石的密度特征，应系统采集研究区内不同地层单元及不同岩性的标本，通过直接测定岩石标本的密度大小来确定它们所代表的岩性的密度，或确定它们之间的密度差。岩石标本采集应遵循以下原则。

1）对于分布范围较广的较厚岩层、重点勘探对象及围岩要适当采集更多的标本，而对于薄层、与勘探目的关系不大的岩石可以少采集标本；在岩性变化较大的地段应多采集标本，在岩性变化不大的地段可以少采集标本。

2）采集标本时，既要采集浅部的，又要尽量采集深部的。因为浅部密度资料可以在中间层和地形校正时使用，而深部密度资料要用于重力异常的地质解释。

3）每类标本的数量一般为 30~50 块，每块标本质量为 300g 左右为宜。

4）对所采集的标本应及时登记、编号，并注明地点、名称、地质年代及深度等。

5）应考虑其他物性参数测定的要求，如形状、规格和大小，尽量发挥所采集标本的综合利用价值。

1.1.2 天平测定法

若标本质量用 m 表示，它的体积为 V 时，其密度 σ 可用下式计算：

$$\sigma = \frac{m}{V} \tag{1-1}$$

标本的体积可根据阿基米德原理确定，即物体在水中减轻的重量等于它排开同体积水的重量，于是可以间接求出标本体积 V。

设标本在空气中的重量为 P_1，在水中的重量为 P_2，v 为标本排开水的体积，σ_0 为净水的密度时，得

$$P_1 - P_2 = V\sigma_0 g \tag{1-2}$$

当温度为 4℃时，净水的密度为 $\sigma_0 = 1 \mathrm{g/cm^3}$，式（1-2）可变为

$$V = \frac{P_1 - P_2}{\sigma_0 g} \tag{1-3}$$

将式（1-3）代入式（1-1），并已知 $P_1 = mg$，可得

$$\sigma = \frac{m}{\dfrac{P_1 - P_2}{\sigma_0 g}} = \frac{mg}{P_1 - P_2}\sigma_0 = \frac{P_1}{P_1 - P_2}\sigma_0 \tag{1-4}$$

为此，只要先求出标本 P_1、P_2 的重量，然后可由式（1-4）计算出其密度 σ。

用天平法测定的密度精度取决于 P_1、P_2 的测定精度。由误差传递理论可知，密度 σ 的最大绝对误差可由下式计算：

$$\varepsilon_\sigma = \frac{(P_1 - P_2)\varepsilon_{P_1} + P_1(\varepsilon_{P_1} + \varepsilon_{P_2})}{(P_1 - P_2)^2} \tag{1-5}$$

式中，ε_σ 为密度的测定误差；ε_{P_1} 和 ε_{P_2} 分别为 P_1 和 P_2 的测定误差。对于同一天平称量的结果，可以认为 $\varepsilon_{P_1} = \varepsilon_{P_2}$。设 $\varepsilon_{P_1} = \varepsilon_{P_2} = \varepsilon_P$ 时，式（1-5）除以式（1-4）可得

$$\frac{\varepsilon_\sigma}{\sigma} = \frac{\varepsilon_P}{P_1} + \frac{2\varepsilon_P}{P_1 - P_2} \tag{1-6}$$

因为 $P_1 - P_2 = P_1/\sigma$，所以式（1-6）变为

$$\frac{\varepsilon_\sigma}{\sigma} = \frac{\varepsilon_P}{P_1} + \frac{2\sigma\varepsilon_P}{P_1} = (2\sigma + 1)\frac{\varepsilon_P}{P_1} \tag{1-7}$$

即

$$\varepsilon_\sigma = \sigma(2\sigma + 1)\frac{\varepsilon_P}{P_1} \tag{1-8}$$

由式 (1-8) 可知，天平法测定 ε_σ 不仅取决于 ε_P，同时还与 P_1 和 σ 的大小有关。在标本的重量相同、称重的精度也相同的情况下，密度越大的标本，则测定的误差越大。若想减小误差，虽然可选重量较大的标本来测定，但实际工作中称重量大的天平精度又不高。因此，标本质量既不能太小（轻），也不能太大（重），一般取 300g 左右为宜。密度较高的标本的质量可适当大些。对于多孔的标本，为了防止水分浸入孔隙而影响测定结果，可在标本表面涂一层石蜡。这时，涂石蜡后的标本重量用 P_2 表示，浸入水后的重量用 P_3 表示，则由式 (1-4) 可得

$$\sigma = \frac{P_1}{\frac{1}{\sigma_0}(P_2 - P_3) - \frac{1}{\sigma_k}(P_2 - P_1)} \tag{1-9}$$

式中，σ_0 为水的密度；σ_k 为石蜡密度，一般石蜡密度取 $\sigma_k = 0.9 \text{ g/cm}^3$。

1.1.3　密度仪测定法

虽然天平测定法能测定出标本密度，但该方法操作费时，且不是直接显示密度值，还需要计算，所以效率很低。为此，已经开发了能够直接测定密度的仪器，称为密度仪，分为机械式密度仪和电子式密度仪。

1. 机械式密度仪

机械式密度仪是由苏联的萨姆索诺夫设计的，所以又称萨姆索诺夫密度仪。密度仪是在天平原理上发展起来的仪器，它的构造如图 1-1 所示。仪器的主要零件是一个折式秤臂 AOB，AO 和 BO 分别为两个长度均为 r 的左右臂，其折角为 $180° - \varphi$。秤臂中间装有一个指针，秤臂的重心可集中在转轴 O 点上，工作时需要事先调节装置，使它处于平衡状态。密度仪还配有一个度盘，度盘上标有密度刻度，度盘右边标有固定标志线，并用 n 表示，它是指标本在空气中平衡时指针应在的位置。

在测定密度时，先将标本用可以忽略其质量的细线悬挂在秤臂 B 端，调节 A 端悬挂的砝码的质量，使指针与刻度 n 重合，见图 1-1 （a）。这时，AO 与水平面夹角为 α_1，A 端砝码重量为 P，而 B 端标本重量用 P_1 表示。其平衡关系式为

$$P \cdot r\cos\alpha_1 = P_1 \cdot r\cos(\varphi - \alpha_1) \tag{1-10}$$

当标本浸没在水中时 ［图 1-1 （b）］，由于标本受到水的浮力，B 端升高并达到新的平衡位置。这时 AO 与水平线的夹角用 α_2 表示，则平衡关系式为

$$P \cdot r\cos\alpha_2 = P_2 \cdot r\cos(\varphi - \alpha_2) \tag{1-11}$$

式中，P_2 为标本在水中的重量。由式 (1-10)、式 (1-11) 可求出 P_1、P_2 的表达式，并将它们代入式 (1-4)，简化后的密度表达式为

$$\sigma = \frac{\cot\varphi + \tan\alpha_2}{\tan\alpha_2 - \tan\alpha_1} \tag{1-12}$$

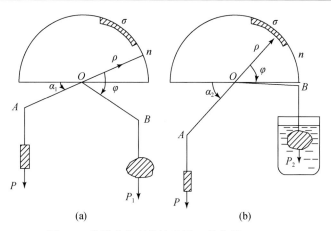

图 1-1　机械式密度仪构造图（曾华霖，2005）

由式（1-12）可得出 α_2 与 σ 的对应关系式为

$$\alpha_2 = \arctan \frac{\cot\varphi + \sigma\tan\alpha_1}{\sigma - 1} \tag{1-13}$$

由式（1-11）可见，α_2 与标本重量无关；当 φ 为仪器构造常数，并调节砝码重量使指针与固定标志 n 重合时，即保持 α_1 为常数，这时密度 σ 只与 α_2 有单一对应关系。根据不同的角度 α_2 在度盘上所对应的密度值 σ，即可测出标本的密度。利用机械式密度仪测定的密度精度可达 $0.01 \sim 0.02\mathrm{g/cm^3}$，其测量效率比天平高 $3 \sim 4$ 倍。

2. 电子式密度仪

电子式密度仪又称电子比重计，是将现代微电子技术与阿基米德原理相结合而研发出来的新型密度测试仪器。该仪器采用先进称重传感器、单片机技术及嵌入式操作系统编程，实现岩矿石标本密度自动测量。该仪器具有检测精度高、测量速度快、无须人工记录检测结果等优点（李永涛和陶喜林，2009）。其主要原理为利用传感器称出岩矿石标本在空中的质量 P_1 和在水中的质量 P_2、将其转换为电压信号，经放大、A/D 转换后，送单片机系统进行处理，得到岩矿石密度值，然后由计算器或者内部存储设备进行存储。该仪器改变了传统密度测试的烦琐操作，实现了不规则标本的快速准确测量，同时能满足现代产品生产及新材料研究过程中对标本密度的精确测量要求。电子式密度仪组成如图 1-2 所示。

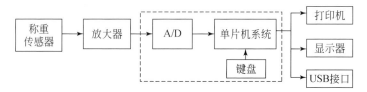

图 1-2　电子式密度仪组成框图（王锐等，2006）

1.2　岩矿石磁性的测定

地壳浅部的岩石和矿石，从它们形成时起，其就被地磁场所磁化。岩石和矿石被地磁场磁化的原理和物质的磁化是一样的。所不同的是地磁场对岩矿石的磁化是长期的，在磁化过程中岩矿石又可能经历了各种变化，其磁性变得更复杂。岩矿石的磁性常用磁化率、感应磁化强度及剩余磁化强度表示。

岩矿石被现代地磁场磁化而具有的的感应磁化强度可表示为

$$J_i = \kappa T \qquad\qquad (1\text{-}14)$$

式中，T 为地磁场总强度；J_i 为感应磁化强度，用以表示岩矿石被磁化的程度；κ 为岩矿石的磁化率，用以表示物质被磁化的难易程度，其值取决于岩矿石的性质。磁化率 κ 无量纲。

影响岩矿石磁性的因素有很多，可分为内因和外因两个方面。内因有磁性矿物的成分、含量、颗粒大小、结构等；外因有磁化场、温度、应力等。岩矿石磁性与各种影响因素之间的关系是复杂的。

实验室中可以测定岩矿石磁化率 κ 及剩余磁化强度 J_r 的大小和方向。在古地磁研究中，还需要确定磁化强度的稳定性、居里点、饱和磁化强度及矫顽磁力。测量岩石磁性的方法主要有磁秤测量法、质子磁力仪测定法及磁化率仪感应法三种。

1.2.1　标本采集与处理

磁性标本可采自野外天然和人工露头、勘探工程场地和钻井的岩心等。采集标本的岩性种类根据磁测工作的需要确定。为了使磁性测定数据有代表性，标本应采自同一岩性的不同露头，在每一处露头上也应均匀分布。如果不是专门研究岩矿石风化物的磁性，标本都应尽量采自基岩。为了防止雷电影响岩石的天然剩余磁化强度，一般不在地形制高点采集标本。在钻井和勘探场地采集标本时，应将可能带有磁性物质的污染物（如泥浆铁屑、钻砂等）清洗干净。

采集的每种岩矿石标本数量应满足测定数据统计计算的要求。一般不能少于30 块。踏勘时可适当减少，但不能少于 14 块。配合勘探的磁测工作可按地质体磁性变化情况适当增加采集标本的数量。标本应加工成等轴形状或立方体形状。磁性弱的标本的体积应为 1000cm³ 左右，磁性较强的标本的体积也不应低于400cm³，并留有切割加工的余地。

为了研究岩矿石剩余磁化强度的大小和方向，需要采集定向标本，也就是要确定标本在原露头上的空间位置。一般用三种定向标志来确定，即在采集标本的露头上画出两个方向上的水平线确定水平面，标出水平面的上、下方，确定其垂直轴，并在标本上标出磁北方向箭头，如图 1-3 所示。然后，设法取下标本并进行编录登记。

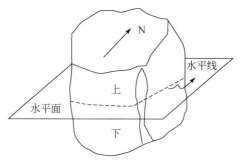

图 1-3　标本定向描述示意图

1.2.2　磁秤测量法

　　按标本相对于磁系不同的放置位置，可分为高斯第一位置和高斯第二位置两种方式进行磁性测定。前者适用于强磁性标本磁性参数测定，一般可测磁化强度大于 $1500×10^{-3}$ A/m 的岩矿石标本；后者适用于弱磁性标本，可测 $400×10^{-3}$ ~ $500×10^{-3}$ A/m 的岩矿石标本。高斯第二位置测定时，因标本放置位置不同，又可分为两种测定方法，一种是磁秤高斯第二位置测定法，另一种是磁秤高斯第三位置测定法。

　　如果岩石标本是定向标本，则测定时将标本置于立方体标本盒中，两者中心要一致。标本上磁北方向为 x 轴正向，y 轴指东为正，标本的水平面与 xoy 平面平行，这时标本从上至下即 z 轴之正向。在盒内将标本固定好后即可测定，最后测出标本的体积 V，进行计算。

　　1. 磁秤高斯第二位置测定法

　　高斯第二位置测定法是使标本中心处于磁系旋转轴的延长线上（即北或南），此时磁系中心处于标本受地磁场垂直分量 Z_0 磁化的某个垂直轴间偶极子的中垂线上，如图 1-4 所示。此时，磁系中心点的磁场为

$$Z_a = \frac{\mu_0 m_z}{4\pi R^3} \qquad (1\text{-}15)$$

式中，m_z 为标本总磁矩 M 在 z 轴方向上的投影分量，应有

$$m_z = (M_{iz} + M_{rz}) \cdot V \qquad (1\text{-}16)$$

　　假定未放标本时仪器读数为 n_0，置入标本 z 轴正向时读数为 n_5；标本绕 y 轴（即固定一个轴的方向）旋转 180° 后，反向读数为 n_6，则有

$$\varepsilon(n_0 - n_5) \cdot 10^{-9} = \frac{\mu_0(M_{iz} + M_{rz}) \cdot V}{4\pi R^3}$$

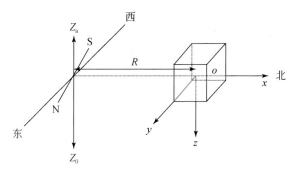

图 1-4　磁秤高斯第二位置测定法（管志宁，2005）

$$\varepsilon(n_0 - n_6) \cdot 10^{-9} = \frac{\mu_0(M_{iz} + M_{rz}) \cdot V}{4\pi R^3} \qquad (1\text{-}17)$$

解上述两式，便可分别求得 M_{rz} 和 M_{iz}，而 $M_{iz} = \kappa'_z \cdot Z_0/\mu_0$。所以有

$$\kappa'_z = \frac{\varepsilon\left(n_0 - \dfrac{n_5 + n_6}{2}\right) \cdot 4\pi R^3 \cdot 10^{-9}}{Z_0 V}$$

$$M_{rz} = \frac{\varepsilon\left(\dfrac{n_6 - n_5}{2}\right) \cdot 4\pi R^3 \cdot 10^{-9}}{\mu_0 V} \qquad (1\text{-}18)$$

同样，分别在 x 和 y 轴测定时，正、反向读数为 n_1、n_2 和 n_3、n_4。取以上读数分别替代上述两式中的读数项，便可得相应的 κ'_x、M_{rz} 和 κ'_y、M_{ry}。于是可求得平均视磁化率 κ'、剩余磁化强度 M_r、方位角 φ（与磁北的夹角）和倾角 θ：

$$\kappa' = \frac{1}{3}(k'_z + k'_y + k'_x), \qquad M_r = (M_{rx}^2 + M_{ry}^2 + M_{rz}^2)^{1/2}$$

$$\varphi = \arctan\left(\frac{M_{ry}}{M_{rx}}\right), \qquad \theta = \arctan\left(\frac{M_{rz}}{(M_{rx}^2 + M_{ry}^2)^{1/2}}\right) \qquad (1\text{-}19)$$

若在测定过程中能保持标本中心至磁系中心距离 R 不变，则以上公式可直接与读数联系起来简化计算，有

$$\kappa' = \frac{2\pi R^3}{3Z_0 V}\varepsilon\left[6n_0 - (n_1 + n_2 + n_3 + n_4 + n_5 + n_6)\right] \cdot 10^{-9}$$

$$M_r = \frac{2\pi R^3}{\mu_0 V}\varepsilon\left[(n_2 - n_1)^2 + (n_4 - n_3)^2 + (n_6 - n_5)^2\right]^{1/2} \cdot 10^{-9} \qquad (1\text{-}20)$$

$$\varphi = \arctan\frac{(n_4 - n_3)}{(n_2 - n_1)}, \qquad \theta = \arctan\frac{n_6 - n_5}{\left[(n_2 - n_1)^2 + (n_4 - n_3)^2\right]^{1/2}}$$

2. 磁秤高斯第三位置测定法

磁秤高斯第三位置测定法与磁秤高斯第二位置测定法原理完全一样，只是将磁系旋转了一个方位角，使 N 极指向南。这时由于地磁场水平分量 H_0 的作用，仪器

灵敏度提高，所以可测定磁性更弱的标本的磁性参数。计算公式仍用式（1-20），但仪器的格值（ε）需要在测定标本时利用仪器磁系所在方位测得的格值常数来计算。

由上述计算公式可知，磁秤高斯第二位置测定法和磁秤高斯第三位置测定法测定标本读数必须满足以下条件，即

$$\frac{n_1 + n_2}{2} \leqslant n_0,\ \frac{n_3 + n_4}{2} \leqslant n_0,\ \frac{n_5 + n_6}{2} \leqslant n_0 \tag{1-21}$$

磁秤高斯第一位置测定法是将标本中心置于磁系中心正下方，如图 1-5 所示。

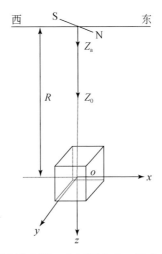

图 1-5　磁秤高斯第一位置测定法（管志宁，2005）

1.2.3　质子磁力仪测定法

质子磁力仪测定法的优点是不需要专用的磁性测定仪器，只需要利用地面磁法测量的高精度质子磁力仪，可进行 $\kappa > 50 \times 4\pi \times 10^{-6}$ 的标本的磁性测量，这类质子磁力仪包括 MP-4、OMNI-4、G-856AX、ENVI 或其他型号微机质子磁力仪。

在标本测试前，首先选择一处磁场较平稳且无人文干扰磁场的地点，架好仪器及探头，此时梯度读数 T_n 应在零值左右（或有很小底数）。然后将岩矿石标本放入标本盒内，放置于标本架上，如图 1-6 所示。该标本架用脚架作支撑，其上放置两块活动的（带无磁合页）平板，一块水平放置并固定在架上，另一块倾斜可调，使交角与当地磁倾角相等，并使倾向朝北，置于下探头北侧，板上装有角铝，以防标本盒下滑。探头轴向置于南北方向，标本盒放在一个无磁性合页板的倾斜板面上，倾斜板面的倾角应与当地地磁倾角 I_0 一致。倾斜面朝北，置于探头轴向两侧——东或西，使标本盒中心与下探头的中心在同一水平面上。显然，

此装置类似于高斯第二位置测定法，但标本测量轴受地磁场 T_0 磁化。靠近标本的探头测量正常场和标本叠加的磁场，而远离标本的探头测量正常场，则放置标本时的梯度读数（T_H）即标本所产生的磁场。若采用单探头的总场测量装置，则必须在附近另设一台测日变的同类仪器，将每次读数进行日变改正后才能算出标本产生的磁场。

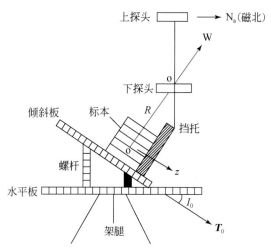

图 1-6　质子磁力仪测定标本磁性装置图（管志宁，2005）

设未放标本前读数为 n_0，放标本后，z 轴正向顺着 T_0 方向时梯度读数为 n_1，而 z 轴正向逆着 T_0 方向时读数为 n_2，则有

$$n_1 \cdot 10^{-9} = \frac{\mu_0}{4\pi} \frac{(M_{iz} + M_{rz})V}{R^3}, \qquad n_2 \cdot 10^{-9} = \frac{\mu_0}{4\pi} \frac{(M_{iz} - M_{rz})V}{R^3} \qquad (1\text{-}22)$$

由以上两式可以解出磁化率和磁化强度，并考虑 $M_{iz} = \kappa_z'(T_0/\mu_0)$，则

$$\kappa_z' = \frac{4\pi R^3 \cdot 10^{-9}\left(\dfrac{n_1 + n_2}{2}\right)}{T_0 V}, \qquad M_{rz} = \frac{4\pi R^3 \cdot 10^{-9}\left(\dfrac{n_1 - n_2}{2}\right)}{\mu_0 V} \qquad (1\text{-}23)$$

测定时，利用测量仪器的点/线设置功能设置标本磁性测量编号，如 z 轴正向取为 5，绕 z 轴（即 T_0 方向）每旋转 90° 记录一个数，编号分别为 501、502、503、504，其余轴向号码一样编入。百位上的数表示某个轴的正、反向读数，个位上的数表示该轴向的 4 次读数，也就是采用 24 次读数法，目的是减小标本形状不规则、磁性不均匀和标本位置误差的影响，所以取 4 次读数的平均值来代表该轴向读数，如：

$$\bar{n}_1 = \frac{T_H 501 + T_H 502 + T_H 503 + T_H 504}{4} \qquad (1\text{-}24)$$

依次可以读得：放入标本后读数为 $\bar{n}_1$、$\bar{n}_2$、$\bar{n}_3$、$\bar{n}_4$、$\bar{n}_5$、$\bar{n}_6$。即可按下述公式计算参数：

$$\kappa' = \frac{2\pi R^3}{3 T_0 V}[\,|\,\bar{n}_1 + \bar{n}_2\,| + |\,\bar{n}_3 + \bar{n}_4\,| + |\,\bar{n}_5 + \bar{n}_6\,|\,] \times 10^{-9}$$

$$M_r = \frac{2\pi R^3}{\mu_0 V}[\,(\bar{n}_2 - \bar{n}_1)^2 + (\bar{n}_4 - \bar{n}_3)^2 + (\bar{n}_6 - \bar{n}_5)^2\,]^{1/2} \times 10^{-9} \qquad (1\text{-}25)$$

计算方位角（φ）和倾角（θ）的公式同式（1-18）。为了使所测数据可靠，希望标本产生的磁场 $\geqslant 1\text{nT/m}$，可通过调节 R 来实现。

也可以采用磁秤高斯第一位置测定法测定岩矿石标本的磁性参数，即把标本置于探头轴向的北侧，并在倾角为 I_0 的倾斜板上放置标本后，使通过标本中心的 z 轴（平行 T_0 方向）的延长线交于下探头中心。此时的 R 为沿 T_0 方向的斜距，可应用磁秤高斯第一位置公式计算 κ' 和 M_r。

标本的体积 V 可以采用排水法进行测量，误差应控制在 5cm^3 以内，R 可以用皮尺进行测量，误差应控制在 0.2cm 以内。测量过程中，仪器探头附近的磁性干扰物，如强磁性标本、铁筒、标本架、探头支撑杆等均不得移动。在一块标本测定期间，n_0 应保持不变。

通过以上方法测得的磁化率均为视磁化率，可利用近似球体标本的计算公式求得其真磁化率 κ，即

$$\kappa = \frac{\kappa'}{1 - \frac{1}{3}\kappa'} \qquad (1\text{-}26)$$

1.2.4 磁化率仪感应法

磁化率仪感应法测量的是标本感应的电动势，用这种方法测得的电动势与标本的磁矩及旋转频率成正比。另一种方法是把标本放在通有电流的线圈中，由于磁感应通量的变化而产生附加电动势，这个变化与岩石磁化率成反比。感应法的第一种测量方法可以测定岩石的剩余磁化强度和磁化率，第二种测量方法只能用来测定磁化率。

旋转磁力仪就是将标本绕某个轴匀速转动，将感应线圈作为探头，测定该标本磁场所产生的电动势的振幅与相位（万明浩，1994）。测定时一般在标本上适当选择一直角坐标系，使标本分别绕 3 个坐标轴旋转。当标本绕 z 轴旋转时，可测得标本总磁矩 $\boldsymbol{M}$ 在 xy 平面上的投影 M_{xy} 的大小及与 x 轴的夹角 φ_{xy}，同样当标本绕 x、y 轴旋转时，则可分别测得 M_{yz} 与 M_{zx}，φ_{yz} 与 φ_{zx}，整理得

$$M_r = \sqrt{\frac{M_{xy}^2 + M_{yz}^2 + M_{xz}^2}{2}} \qquad (1\text{-}27)$$

$$J_r = \frac{M}{V} = \frac{1}{\sqrt{2}\,V}(M_{xy}^2 + M_{yz}^2 + M_{xz}^2)^{1/2} \qquad (1\text{-}28)$$

由测得的相位角可计算 J_r 的偏角和倾角。

利用磁化率仪测定岩矿石标本磁性时，将标本放在通有电流的线圈旁，由于磁感应通量的变化而产生附加电动势，从而测定岩矿石的磁化率。虽然磁化率仪只能测定岩矿石的磁化率，但该方法快速方便，因而应用较广。

标本磁化率测量步骤如下。

1）选择一个没有强磁干扰体的标本测量点，每天测量之前，使用磁性标准样进行仪器调试、校正，用多台测试进行横向比对。

2）测试时仪器紧靠标本，分别对岩石标本的上、下、左、右 4 个方向进行测量。

3）测量时先测量标本，再测量本底，从仪器上直接读出岩矿石标本磁化率的大小。

4）读数记录在班报记录纸上，按照要求做不少于标本 10% 的检查点，计算出平均相对误差，保证测量误差均在误差允许的范围之内。

1.3　岩矿石电性参数的测定

岩矿石电性特性是电法勘探方法设计和资料解释的依据，它贯穿于电法勘探工作的始终，从方法设计、工作布置到异常定性和定量解释。岩矿石的电性参数主要包括电阻率、介电常数、自然极化和激发极化特性及压电效应等，其中电阻率和极化率是常用电性参数。

1.3.1　标本采集与处理

岩矿石电性测量标本可与密度、磁化率测量标本共用，采集标本时也应有详细的标本采集记录，标本的采集位置应尽量投影到地质图或地球物理实际材料图上，以供异常解释时参考。

电性测量的岩矿石标本一般也有两种来源，一是从野外露头获取，二是钻孔岩心。从野外获取的标本不规则，表面不平整，为了精确得到标本的电性参数，必须对标本进行加工处理，一般将标本加工成正方体或者长方体，以两个对称的面为标本测试的接触面（S），S 边长控制在 3~5cm。两个面之间的距离为 L，L 以小于 10cm 为宜。钻孔岩心标本为圆柱状，若上下底面不平整，必须将其切割成平整面，圆柱长度也宜小于 10cm。在岩矿石标本的加工过程中，必须保证标本能代表岩矿石的固有性质。

加工好的标本放在自来水中完全浸泡，松散标本在浸泡过程中容易破裂，不宜浸泡太久，轻拿轻放，不可堆积在一起，以免压坏，致密岩心标本一般浸泡 24h。为避免表面电流的影响，经过浸泡后的标本要经过一段时间的自然风干，测试过程中，如果测试时间较长，还要注意标本的保湿，避免在同一次测试过程中由蒸发和与此有关的因素引起离子通道内的溶液发生矿化度变化，进而引起标本的电性变化。标本不可以多次浸泡、干燥、再浸泡，多次浸泡的标本可能会由于水的作用发生化学反应而影响其电性。

1.3.2 岩矿石电性参数测量

1. 电阻率

电阻率是表征物质导电性的基本参数，某种物质的电阻率是当电流垂直通过由该物质所组成的边长为 1m 的立方体时呈现的电阻。显然，物质的电阻率越低，其导电性就越好。

物质的电阻率越高，其导电性就越差。在电法勘探中，电阻率的单位采用 $\Omega \cdot m$ 来表示。岩矿石标本的电阻 (R) 与沿电流方向的长度 (L) 成正比，与垂直于电流方向的横截面面积 (S) 成反比，其表达式为

$$\rho = R\frac{S}{L} \tag{1-29}$$

由式（1-29）得圆柱体岩心标本电阻率 (ρ) 的计算公式：

$$\rho = R\frac{S}{L} = R\frac{\pi r^2}{L} = \pi R\frac{d^2}{4L} \tag{1-30}$$

式中，L 为标本长度；r 为标本横截面半径；d 为标本横截面直径。长方体岩心标本电阻率 (ρ) 的计算公式为

$$\rho = R\frac{S}{L} = R\frac{ab}{L} \tag{1-31}$$

式中，a 为标本横截面的长；b 为标本横截面的宽；L 为标本的侧面长度。长度单位均为 m，电阻率单位为 $\Omega \cdot m$。

影响岩矿石电阻率的因素有很多，除导电矿物含量以外，还包括岩矿石的结构、构造、孔隙度、含水量及含水矿化度、温度、压力等（程志平，2007）。

2. 极化率

极化率是激发极化法的一种基本测量参数。当采用某一电极排列向大地供入或切断电流的瞬间，在测量电极之间总能观测到电位差随时间变化，这种类似充、放电的过程中，由电化学作用所引起的随时间缓慢变化的附加电场的现象称为激发极化效应。激发极化法就是以岩矿石激电效应的差异为基础，从而达到找矿或者解决某些水文地质问题的一类电探方法。

极化率的测量方法与电阻率的测量方法相同，供电时测一次电压 ΔV_1，断电时测二次电压 ΔV_2，极化率计算公式为

$$\eta = \frac{\Delta V_2}{\Delta V_1} \times 100\% \tag{1-32}$$

3. 复电阻率

复电阻率法（CR）又称频谱激电法（SIP），采用直流电阻率观测方式，通过频率域电磁发射代替直流发射而获取地下复电阻率（振幅和相位、实分量和虚

分量)，并通过等效模型提取多个激电参数（电阻率、充电率、时间常数、频率相关系数等）对地质问题进行精细解释，已成为金属矿勘探详查阶段或解决某个特定问题的重要手段之一。为此，实验室测量和研究岩矿石的复电阻率特征是开展复电阻率法野外工作的前提和基础，复电阻率测量主要包括测量岩矿石的振幅特性和相位特性。

在实验室进行测量时，沿用电阻率测量方式，利用一个宽频率电磁信号发射器（或复电阻率设备）在 AB 两极输入一定频率的交流电磁信号，其电磁信号一般为恒流输出，在 MN 端读取复阻抗的实、虚部两分量或者振幅、相位分量。在测定岩矿石复电阻率时，必须考虑如何选择最佳测量条件、频率和电流、电极与岩样的可靠接触方式、电极材料等问题，减少电磁耦合效应的影响。

复电阻率的等效模型选择极为关键，W. H. Pelton 等基于岩矿石标本和露头大量测量结果认为，对岩矿由激电效应引起的复阻抗可以用 Cole-Cole 模型较好地表示，该模型也是当前最为常用的一个等效模型（图 1-7），其表达式为

$$Z(\mathrm{i}\omega) = Z_0\left\{1 - m\left[1 - \frac{1}{1 + (\mathrm{i}\omega\tau)^c}\right]\right\} \tag{1-33}$$

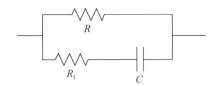

图 1-7　Cole-Cole 模型等效电路图

式中，$Z(\mathrm{i}\omega)$ 为频率为 ω 时的复阻抗；$\mathrm{i} = \sqrt{-1}$，为虚数单位；$\omega = 2\pi f$，为交变电流场的角频率。Cole-Cole 模型 4 个参数的物理意义相对比较明确。

充电率 m，代表极化率，表示阻抗为频率的函数，其变化幅度与其在高频端的最大值的比值；或者说是零频率时阻抗振幅与频率为无穷大时阻抗振幅之差与零频率阻抗振幅的比值，充电率作为描述岩矿石极化效应强弱的参数，是目前使用最为广泛、定义最好的一个参数。

零频率阻抗 Z_0，零频率阻抗是稳定电场中电场强度与电流强度的比值。在相同的体积下，岩矿石的电阻率越大，表示在一定强度的电场作用下，电流密度越小。

时间常数 τ，用来描述激发极化过程中迟缓的量，单位为 s。

频率相关系数 c，无量纲，表示衰减曲线的形状，与颗粒的大小有关，取值范围为 $0 < c < 1$。

1.3.3　测定装置及方法

获取岩矿石电性的方法主要有野外露头小四极、室内标本测量和地球物理测井，野外露头小四极测定法受场地和基岩风化等因素的影响，难以找到合适的位置进行测定，岩心和地面标本的实验室电性测定是了解电性特征的主要方法。岩矿石标本电性参数测量常用方法主要有标本架法、泥（面）团法和封蜡法等（李金铭，2004）。

室内测定常用四极装置和二极装置，另外还有电位法、岩石电阻与标准溶液比较法等方法。四极装置遵循野外测量方式，一般 *AB* 极为供电极，*MN* 极为测量电极，该方法能直接利用野外电法测量设备进行室内标本测量。二极装置是将接收电极和发射电极进行统一，该装置需要专门的岩矿石电阻率测定设备或者电性元件，且容易受"过电位"的影响。

1. 标本架法

为了方便高效测量标本电性参数，通常制作标本架进行固定和测量，传统标本架为四极装置（图1-8）。标本架由一夹固架和瓷质方形不极化电极组成，夹固架的作用是夹住待测标本。不极化电极与标本接触的一面，电极上有一块不上釉的渗透片，为了使不极化电极与标本接触良好，中间常用浸有硫酸铜溶液的脱脂棉或纱布垫平。标本只能与不极化电极接触，与其他部分必须绝缘，防止漏电，在不极化电极中放入足够的硫酸铜溶液并放置一天，待极差稳定后方能使用。

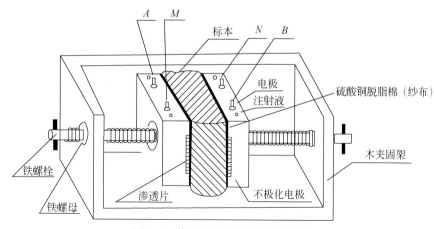

图1-8　传统电性测量标本架示意图

传统标本架要求标本的长度和宽度固定，同时渗透片难以均匀，易产生极差。为了解决该装置的不足，改进了岩矿石电性测量标本架，并获批国家发明专利授权，图1-9 和图1-10 分别为改进型电性测量标本架装置图和改进型标本架部分结构图。该标本架由底座、装置支架、测量接触棒、供电接触棒、盛液导电管组成，将供电电极和接收电极分别安置在图中 4 和 5 上、盛液导电管 6 安置在 2 和 3 上，用周围 4 个螺丝固定使其密封，最后将其放在底座 3 上，并且用螺丝固定加固。检查各个接触部分的密封性，关上盛液导电管 6 下端水阀，在上端开口处注入饱和硫酸铜溶液，使盛液导电管 6 圆柱体内不留空隙，然后用木塞塞紧。该装置有 3 个优点：一是标本架上 4 与 5 之间用饱和硫酸铜溶液导通，解决了共极问题。二是标本与铜片能够全面接触，且用上下固定棒对装置固定，保证了测量数据的稳定。三是标本两边装饱和硫酸铜溶液的容器上、下有开关，控制溶液的流入与流出。

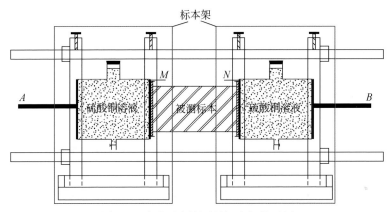

图 1-9　改进型电性测量标本架装置图

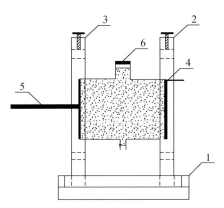

图 1-10　改进型标本架部分结构图

1. 底座；2. 支架（左）；3. 支架（右）；4. 接收电极铜片；5. 供电电极铜片；6. 饱和硫酸铜溶液容器

本改进型标本架装置综合岩矿石标本电性测量二极装置和四极装置的优点，通过分离的供电和接收电极，形成 3 个面上的 $Cu-CuSO_4$ 不极化面，消除激化极化和过电位现象，可用于岩矿石标本电阻率、极化率、充电率、复电阻率、相位等各种电性参数测量，具有结构紧凑、使用方便、可操作性强等特点。

2. 泥（面）团法

当没有标本架时，可以用潮湿可塑的泥团或面团代替。面团中需要适当加些硫酸铜溶液，以改善其导电性并防止发酵。图 1-11 是一种简便、快速且比较实用的泥（面）团测试岩矿石电性参数的装置。

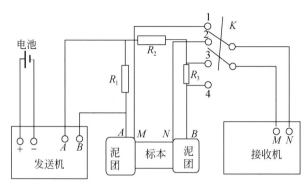

图 1-11　泥（面）团法测量岩矿石电性参数示意图

3. 封蜡法

封蜡法是较早采用的一种岩矿石电性参数测定方法，如图 1-12 所示，将标本置于瓷盆中，标本的下部及两侧用蜡密封，使得标本及蜡将盆两边的水隔开。该方法和上述方法一样，强迫电流只流过标本。所用的蜡要无杂质及水分，封蜡时要擦干标本表面。封蜡法与标本架法原理一样，但不如标本架法和泥（面）团法方便，目前已较少使用。

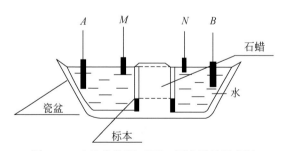

图 1-12　电性参数泥（面）团法测量示意图

岩矿石标本电性参数测量应注意以下几个问题。

1）为保证电场的均匀性，待测标本与电极之间要耦合好，减小电极与标本接触的过渡电阻带来的影响，为最大限度地避免电极上发生电解，一般电流密度不能高于 $n \times 10 \mu A / cm^2$。

2）尽可能在较小的电流下获得较高的测量电压，但又需要照顾测试装置输入阻抗的限制，以提高测试精度。

3）在测量时电极要稳定，尤其是使用二极装置时。

4）检查标本夹持器的绝缘性能，避免出现漏电情况，在标本与电极之间用滤纸或纱布做垫片，检查紫铜片及紫铜棒表面是否氧化。如果有铜锈，需用纱布抛光。

5）复电阻率参数测量沿用电阻率测量方法，利用一个宽频率电磁信号发射器（或复电阻率设备）在 *AB* 两极产生一定频率的交流电磁信号，其电磁信号一般为恒流输出，在 *MN* 端读取复阻抗的实、虚部两分量或者振幅、相位分量。

1.4　岩矿石波速的测定

岩矿石波速是一种与其岩石内部结构有关的基本物理性质，波速包括横波传播速度和纵波传播速度，其中纵波传播速度 V_p 为在固体、流体、气体中由于拉-压形变而产生的弹性波传播速度，横波传播速度 V_s 为在固体中由于切变而产生的弹性波传播速度。由于弹性波在岩石中的传播速度与岩石的孔隙度、孔隙形状、岩石和矿物组分、渗透率及岩石颗粒的胶结程度有关，也与孔隙流体、饱和状况、环境温度、压力和本身的频率有关，实验介质中的弹性波速是上述诸因素综合作用的结果。

实验室常用超声检测仪（脉冲法）进行标本速度测试，采用岩石标本模拟地下介质，用换能器模拟地下震源，以此来模拟地震波在地下介质中的传播。

1.4.1　标本采集与处理

波速测试的标本可以和其他物性参数测量共用标本，野外标本采集同样需要做好详细记录。室内可将标本加工成圆柱体或六面体，一般直径（长）为 2.5 ~ 5cm，高 5cm，两底面经过研磨，平行度在 0.2mm 以内，采用游标卡尺对岩矿石标本的高度进行测量，其精度为 0.02mm。

1.4.2　速度测定方法

岩矿石标本速度参数测定仪器的具体要求为：①接收系统。频带宽度 50 ~ 1500kHz，总增益>80dB。②发射系统。发射电脉冲波形或阶跃脉冲，发射电脉冲幅度为 0 ~ 100V。③计时系统。时间分辨率≤0.1μs。④压电换能器。应配有 50 ~ 1500kHz 各种不同频率的换能器，以满足岩矿石试样测试所必须满足的无限体的边界条件。即 $D \geqslant (2 ~ 5)\lambda$，$\lambda \geqslant 3d$，其中 D 为试样横向尺寸，d 为试样中颗粒平均尺寸，λ 为声波波长（波长=声速/频率）。

岩矿石标本纵横波速度的测定采用脉冲透过法沿着圆柱轴向垂直层面进行，测量振幅时，为使测量数据准确，必须保证每个标本所受的压力相同且仪器工作状态不变，可用压力机和压力数字装置将其波形拍摄下来，再用量板测量其相对振幅，其误差均小于0.1mm。

岩矿石纵横波速度的测试步骤如下。

1）对岩矿石试样进行描述，按含水状态、受力方向分组，并用游标卡尺测量试样尺寸。

2）将纵波和横波收、发换能器辐射面对接，中间加耦合剂，如图1-13（a）所示，采用"游标"或"自动"读数法分别测试纵波、横波换能器及仪器收发系统延迟时间t_{op}和t_{os}（底数），在更换不同频率换能器时，必须重复此步测试。

3）将纵波换能器涂上耦合剂，与被测岩石试样耦合，如图1-13（b）所示，调节接收波形幅度，用首波幅度等幅读数法测取纵波传播时间t'_p。

4）彻底清除试样端面上的黄油及油污，用夹具将试样夹在两个纵波换能器之间，在换能器辐射面与岩样试样间垫入8~16层铝箔（或银箔），并适当加压力，至接收波形清晰为止，采用游标读数法测取横波传播时间t'_s，如图1-14所示。

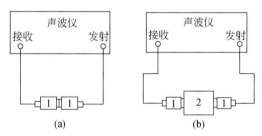

图1-13　岩矿石纵波速度测量示意图

1. 纵波换能器；2. 岩石标本

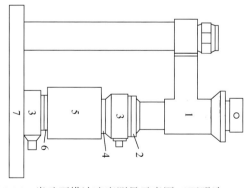

图1-14　岩矿石横波速度测量示意图（万明浩，1994）

1. 加压装置；2. 球面传压板；3. 横波换能器；4和5. 铝箔；6. 岩石标本；7. 底座

岩矿石纵波及横波速度的计算如下。

a）纵波及横波传播时间：

$$t_p = t'_p - t_{op} \tag{1-34}$$

$$t_s = t'_s - t_{os} \tag{1-35}$$

b）纵波及横波速度：

$$v_p = \frac{l}{t_p} \times 10^3 \tag{1-36}$$

$$v_s = \frac{l}{t_s} \times 10^3 \tag{1-37}$$

式中，v_p 和 v_s 分别为纵波声速和横波声速（m/s）；t_p 和 t_s 分别为纵波传播时间和横波传播时间（μs）；l 为岩石试样长度（mm）。

c）动弹性力学参数：

$$\mu_d = \frac{(v_p/v_s)^2 - 2}{2\left[(v_p/v_s)^2 - 1\right]} \tag{1-38}$$

$$E_d = 2v_s^2 \sigma(1 - \mu_d) \tag{1-39}$$

$$G_d = v_s^2 \sigma \tag{1-40}$$

$$k_d = v_s^2 \sigma \frac{2(1 + \mu_d)}{3(1 - 2\mu_d)} \tag{1-41}$$

式中，μ_d 为动泊松比；E_d 为动弹性模量（GPa）；G_d 为动剪切模量（GPa）；σ 为岩石密度（g/cm^3）。

1.5　岩矿石标本物性参数统计及图示

岩矿石物性参数通常受实际复杂地质因素的影响，为得到相对准确的物性参数，物性测量数据整理和统计也非常关键，其目的是统计每一种岩矿石的常见值、变化范围及变化规律等。岩矿石物性参数一般均满足正态分布特征或对数正态分布特征，可以采用统计计算和统计图示方法得到统计参数，其中统计图示是最常用的方法。

1.5.1　统计计算

为了可靠地反映各类岩矿石或地层的物性特征，通常需要测量 30 块以上标本。一般情况下，在没有经受次生变化的岩矿石中，密度、地震波传播速度及极化率参数的分布遵守正态分布；磁化率、磁化强度和电阻率参数则遵守对数正态分布。为此，可以利用统计软件对测量数据进行正态分布统计得到物性参数的平均值、标准差，并且将平均值作为常见值。正态分布函数和对数正态分布表达式分别如下。

正态分布函数：

$$f(x) = \frac{1}{S_t \sqrt{2\pi}} e^{-\frac{(x_i - \bar{x})^2}{2S_t^2}} \tag{1-42}$$

式中，x_i 为物性参数值；$\bar{x}$ 为参数的算数平均值；S_t 为参数分布的标准差。

对数正态分布函数：

$$f(y) = \frac{1}{S_t\sqrt{2\pi}}e^{-\frac{(\ln y_i - \ln \bar{y})^2}{2S_t^2}} \tag{1-43}$$

式中，y_i 为物性参数值；$\bar{y}$ 为参数的几何平均值；S_t 为参数对数的分布标准差。

然而在实际物性调查过程中，一方面受采集样品的条件限制，难以采集到足够的标本数（30 块）进行正态统计；另一方面标本物性参数不符合正态分布特征，这时通常采用计算平均值的方式得到常见值。应计算磁化率、剩余磁化强度、电阻率的几何平均值，并将其作为常见值；应计算密度、极化率、地震波速的算术平均值，并将其作为常见值。另外，当物性参数变化比较剧烈时，宜对岩石标本物性参数进行分组统计，计算其加权平均值并将其作为常见值。算数平均值、几何平均值和加权平均值的表达式分别如下。

a）算术平均值：

$$\bar{x} = \sum x_i/N \tag{1-44}$$

b）加权平均值：

$$\bar{x}_权 = \sum x_i N_j / \sum N_j, \ j = 1, \ 2, \ \cdots, \ m \tag{1-45}$$

c）几何平均值：

$$\bar{x}_n = \sqrt[n]{x_1, \ x_2, \ \cdots, \ x_n} = \left(\prod_{i=1}^{n} k_i\right)^{i/n} \tag{1-46}$$

式中，x_i 为单块标本的物性参数；N 为标本数，m 为组数。

为了进一步了解岩矿石物性参数的变化特征，一般掌握其离散特征值，包括均方差和常见变化范围。其中均方差根据平均值类型的不同分为算术均方差和几何均方差，其表达式分布如下。

a）算术均方差：

$$S = \sqrt{\sum (x_i - \bar{x})^2/N} \tag{1-47}$$

b）几何均方差：

$$\ln S = \sqrt{\sum (\ln x_i - \ln \bar{x})^2/N} \tag{1-48}$$

式中，S 为均方差。通常情况下，在符合正态分布特征情况下，利用正态分布函数得到均方差；在不符合正态分布特征情况下，利用式（1-47）或式（1-48）计算得到。一般将常见值加减 0.5～2 倍均方差作为参数的常见变化范围，即 $\bar{x} \pm (0.5 \sim 2)S$。一般情况下常以 $\bar{x} \pm S$ 来确定其变化范围。除了这些参数，还会用变异系数、峰凸系数等描述岩矿石的变化特征。

1.5.2　统计图示

利用统计图示的方法统计特征数，一般步骤为：统计分组，编制统计表，绘制直方图，制作频率曲线及玫瑰图等，在此基础上根据直方图或频率曲线图确定其统计特征数值。

1. 统计分组

按实测数据的个数和数据的变化范围将其分成若干组。组的间隔长度称为组距，组距可按等差或等比划分。首先由测试标本块数找出分组数（图1-15）；然后根据数据变化范围和参考分组数确定组距，列表统计每组内所占数据的个数（频数），由总个数计算各组数据个数的频率，见表1-1。于是按统计对象做相应的统计图件。

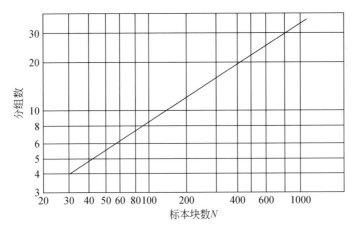

图 1-15　岩矿石物性参数确定统计组数的经验曲线

表 1-1　岩矿石参数统计分组样表

组距	0~0.5	0.5~1.0	1.0~1.5	1.5~2.0	2.0~2.5	2.5~3.0	3.0~3.5	3.5~4.0	4.0~4.5	4.5~5.0	5.0~5.5
各组中值	0.25	0.75	1.25	1.75	2.25	2.75	3.25	3.75	4.25	4.75	5.25
频数 m	1	3	14	21	41	31	19	8	5	3	2
频率（m/n）（%）	0.7	2.1	9.5	14.1	27.7	20.9	12.9	5.4	3.3	2.0	1.4
累积频率（%）	0.7	2.8	12.3	26.4	54.1	75.0	87.9	93.3	96.6	98.0	100

2. 频率直方图和频率分布曲线

以磁化率物性参数为例，根据表1-1，以物性参数分组值为横坐标，以频率为纵坐标，便可绘制出频率直方图。若连接各组的中值，即得频率分布曲线，如图1-16所示。如果该统计的磁参数满足正态分布规律，则频率分布曲线应为对称曲线，极值对应的横坐标为常见值，而极大值的0.6倍对应的横坐标范围为常见变化范围。当曲线不对称时，可利用直方图的最大值组的两个顶点和与其相邻的两侧最近角点，其对角连线的交点所对应的横坐标为常见值。可以根据此交点近似求出圆滑后的极值，用同上方法可求得常见变化范围。

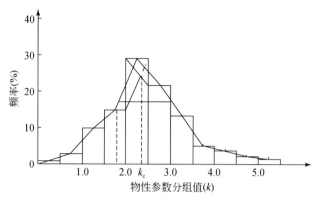

图 1-16　物性参数频率直方图和频率分布曲线

3. 累积频率曲线

累积频率曲线用正态概率纸制图。纵坐标为累积频率，横坐标为分组值，将分组的右端值点连接即得累积频率曲线。若统计参数符合正态分布，则该曲线应为直线。由于各种复杂因素的影响，所得曲线不一定为直线，但中间区段应接近直线。图 1-17 是根据表 1-1 数据绘制的，累积频率曲线基本符合要求。

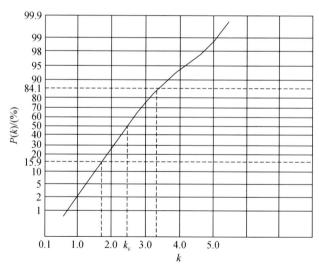

图 1-17　累积频率曲线

确定统计特征值的方法为，经纵轴的 50% 的水平线与统计曲线交点对应的横坐标为常见值。以 15.9% 和 84.1% 区段的交点所对应的横坐标范围为常见变化范围。根据常见变化范围之半确定均方差。

4. 物性交会图

为了了解不同物性之间的关系，还可以采用交会图的方式进行图示。以某个物性值为横轴，另外一个物性值为纵轴，将某个工区所有物性进行散点投影，用不同颜色来区分不同岩性或地层，如图 1-18 所示。

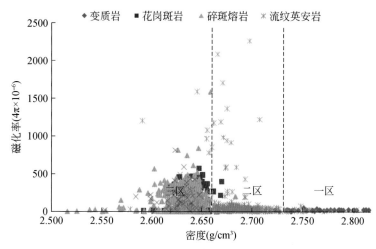

图 1-18　密度与磁化率散点交会样图

第2章 相山火山岩型铀矿田物性特征

相山火山盆地位于华夏板块湘桂赣地块北东缘乐安–抚州断隆带上，北距钦杭结合带约50km，东距鹰潭–安远大断裂约15km。该区遭受了扬子—加里东期、海西—印支期造山作用，燕山期处于NEE向赣杭构造火山岩带西南端与近SN向赣中南花岗岩带的交接地带，发生了强烈的构造—岩浆—成矿作用。该区因产出了我国最大的火山岩型铀矿床，吸引了大批国内外学者开展成矿液体、成矿物质来源、成矿模式、火山侵入杂岩的年代学、构造对矿化的影响，以及成矿作用机制、火山机构等研究（郭福生等，2017a，2018）。在铀资源勘查方面，除放射性地球物理方法以外，该区也实施了常规地球物理勘探工作（陈辉等，2015；陈辉，2015；陈越，2014；陈姝霓，2018；郭福生等，2018；黄逸伟等，2017；蒋才洋等，2014；李冠男等，2015；李红星等，2017；罗潇等，2017；王峰等，2016；王峰，2016；吴姿颖等，2018；祝福荣等，2013；祝福荣，2014），但是没有开展系统的岩石、地层物性测量和研究，而物性是地球物理方法选择和资料解释的重要依据。据此，笔者及所在团队以研究区主要地层和岩石为目标，广泛采集研究区的钻孔岩心及地面岩石标本，对碎斑熔岩、粗斑二长花岗斑岩、流纹英安岩、青白口系变质岩等主要地质要素的密度、磁化率、电阻率、极化率、声波等物性特征进行调查研究，总结研究区主要岩石和地层的物性特征。

2.1 相山火山岩型铀矿田概述

2.1.1 自然经济地理及交通位置

相山铀矿田位于江西省乐安县与崇仁县境内的相山地区（图2-1），总面积约为582km^2。区内交通较为发达，有南昌至江边村的铁路，有国道通往抚州、丰城、乐安等地，且抚吉高速已开通，并横跨研究区，村村通政策使区内村村相连，交通十分便利，且区内有大量供矿山开采及地质勘查的公路。

相山盆地属于武夷山余脉的中–低山丘陵区（图2-2），为正地形，中央高四周低，山势陡峭，山谷切割剧烈。相山及芙蓉山为区内主峰，海拔分别为1219.2m及1070.8m，主峰四周多为海拔500~800m的地区，较平坦地区则为海拔100~400m的低矮山丘。区内水系不是很发达，多为山涧小溪，流量随季节不断变化。区内最大河流为凤岗河，河宽一般不超过50m，较大的河流还有西部的宝塘河、北部的公溪河等。区内绝大多数地方植被茂密，终年郁郁葱葱，路径稀少，岩石露头差，通视较困难。

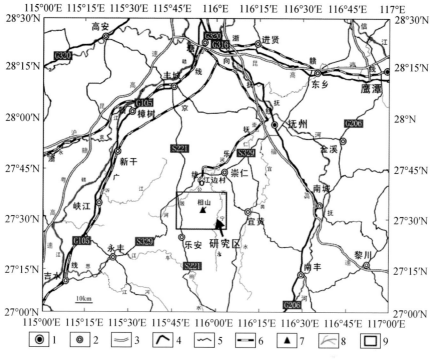

图 2-1　交通位置示意图

1. 市区；2. 县区；3. 高速；4. 国道；5. 省道；6. 铁路；7. 制高点；8. 水系；9. 研究区位置

图 2-2　相山矿田地貌模型图（据江西省核工业地质局 261 大队）

研究区属于赣中南亚热带潮湿多雨区，夏季炎热，冬季较寒冷，年均气温为17℃，极端最低气温为–7.5℃，极端最高气温为39.6℃。日照时数约1776h，无霜期年均266d，3～6月为雨季。年均降水量为1500～2000mm，年均蒸发量为1100～1600mm。区内居民点较分散，主要分布在相山四周的地势平坦处，山区内部狭窄的山谷平坦地也有少量居民点。居民以汉族为主，有畲族等少数民族，该区是畲族少数民族聚居较多的地区。当地工业不太发达，中核抚州金安铀业有限公司是区内最大的工矿企业。区内以农业和林业生产为主，主要农林产品有优质大米、棉花、烤烟、蚕桑、蘑菇、商品蔬菜、毛竹、山笋、油茶、松、杉、生猪等。特产有霉豆腐、霉鱼、茶树菇等。乐安县是全国商品木竹基地县，也是江西省林业、蚕桑重点出产县，崇仁县是江西省产粮县和芝麻重点出产县。

2.1.2　研究区地质概况

相山铀矿田地处我国华南铀矿省内，以火山岩型铀矿为主，位于扬子准地台和华南褶皱系的过渡带内。研究区北有江绍缝合带，东有鹰潭–安远断裂，西有遂川–德兴断裂（图2-3）。研究区遭受了格林威尔期（晋宁期）、加里东期、海西—印支期造山作用，燕山期时处于NEE向赣杭构造火山岩带西南端与近NS向（NNE向）赣中南花岗岩带的交接地带，发生了强烈的构造—岩浆—成矿作用。上述构造特点为成矿物质的迁移和富集成矿创造了先决条件。

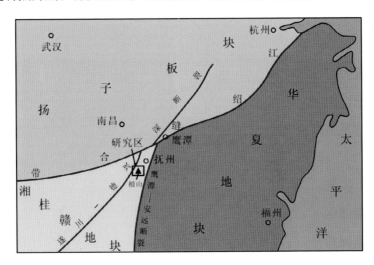

图2-3　研究区大地构造位置图（郭福生等，2017b）

研究区主要出露下白垩统酸性潜火山岩–浅成侵入岩（面积近400km²）（图2-4），其次为青白口系神山组、库里组、上施组变质岩，另有少量志留系片麻状粗中粒巨斑黑云二长花岗岩、侏罗系中细粒黑云二长花岗岩、上泥盆-下石炭统云山组及上三叠统安源群紫家冲组碎屑岩、下白垩统打鼓顶组火山–沉积岩，上白垩统河口组-塘边组红层及第四系河流冲-洪积物、残坡积物。其中青白口系构成本区变质基底，而中新生代（火山）-沉积地层构成上叠盆地盖层。该区构造主要有北东向、近南北向（北北东向）、北西向断裂及近东西向断褶带。研究区在成矿区划上处于乐安-广丰铀多金属成矿带（主要与火山岩有关）和大王山-于山铀多金属成矿带（主要与花岗岩有关）的交汇部位，产出了以铀为主的多种金属、非金属矿产。

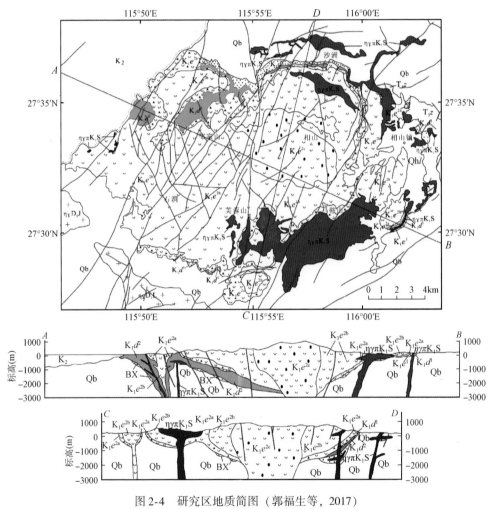

图 2-4　研究区地质简图（郭福生等，2017）

Qh：联圩组；K$_2$：上白垩统红层；K$_1e^{2c}$：下白垩统鹅湖岭组二段中心相含花岗质团块碎斑熔岩；K$_1e^{2b}$：下白垩统鹅湖岭组二段过渡相碎斑熔岩；K$_1e^{2a}$：下白垩统鹅湖岭组二段边缘相含变质角砾碎斑熔岩；K$_1d^2$：下白垩统打鼓顶组二段流纹英安岩；K$_1d^1$：下白垩统打鼓顶组一段；T$_3z$：上三叠统紫家冲组；Qb：青白口系变质岩；ηγπK$_1$S：下白垩统沙洲单元粗斑二长花岗斑岩或似斑状微细粒二长花岗岩；ηγD$_1$L：下泥盆统乐安单元中粗粒巨斑状黑云母花岗岩；ηγD$_1$J：下泥盆统焦坪单元中细粒黑云母花岗岩；BX：隐爆角砾岩（隐爆碎屑岩）

1. 地层（含火山岩）

研究区出露的最老地层为青白口系，分为神山组、库里组和上施组，环绕分布于相山火山侵入杂岩体的北、东、南部，主要由千枚岩、绢云石英片岩、变质粉砂岩和变质砂岩等绿片岩相低级区域变质岩组成，局部叠加了热接触变质作用，特别是在相山北部地区，热接触变质作用较强烈，生成大量较粗大的，并切割千枚理和片理的黑云母、石榴子石、十字石等新生矿物，见表 2-1 及图 2-4。

表 2-1 研究区主要目标地质体特征（郭福生等，2017）

目标地质体	代号	岩性特征	地表厚度（m）
第四系	Q	松散沙砾、泥质层	>3.5
龟峰群	K_2gf	紫红色复成分砾岩、含砾砂岩、粉砂岩、泥质粉砂岩	2452.4
粗斑花岗斑岩	$\eta\gamma\pi K_1$	沙洲单元。块状构造，斑状结构，斑晶粒度（1~12）mm×25mm，斑晶 Kf 15%~20%，Pl 15%~20%，Q 5%~8%。基质 20%~35%，隐晶质-细粒结构，主要为长英质	（岩墙、岩床）
鹅湖岭组	K_1e	二段（K_1e^2）：碎斑熔岩。含 1%~30%变质岩角砾或花岗斑岩质团块，岩石为（碎）块状结构，（碎）斑晶长石 30%~40%、石英 15%~25%。基质 35%~30%，主要为微粒，部分显微隐晶	1380
		一段（K_1e^1）：紫红色凝灰质粉砂岩、细砂岩及灰色凝灰岩、晶屑玻屑凝灰岩以不同比例出露，晶屑玻屑凝灰岩常呈厚层-块状产出	12.4
打鼓顶组	K_1d	二段（K_1d^2）：英安岩、流纹英安岩，斑状结构，斑晶成分为长石，偶见石英，含量 7%~35%，大小（0.5~5）mm×9mm。基质为隐晶质-微粒，含量 93%~65%	560.8
		一段（K_1d^1）：底部以紫红色粉砂岩、细砂岩为主，夹流纹晶屑凝灰岩，局部见底砾岩；中部熔结凝灰岩夹薄层砂岩；上部紫红色粉砂岩、砂岩、熔结凝灰岩、凝灰岩	24.5
云山组-紫家冲组	D-T	石英砂岩、砾岩、粉砂岩、碳质页岩，夹煤线	279.1
花岗岩	$\eta\gamma D_1$	乐安单元：中粗粒巨斑状黑云母二长花岗岩，片麻状构造，似斑状结构，斑晶成分为长石，含量 20%~30%，基质为中粗粒，成分为 Kf、Pl、Q、Bi 等。焦坪单元：中细粒黑云母二长花岗岩，强绢云母化	（岩基）
青白口系变质岩	Qb	千枚岩、绢云石英片岩、变质粉砂岩和变质砂岩，黑云石英角岩、黑云角岩，局部含石榴子石、十字石等	5693.7
断裂带	F	各种断层角砾岩、碎粒岩、破碎带	
各种矿化体、蚀变带		铀矿（化）体，铅锌银多金属矿（化）体，钠长石化、水云母化、赤铁矿化、萤石化、绿泥石化蚀变带及叠加蚀变带等	

青白口系原岩为浅海陆棚相-次深海相泥砂质沉积岩，夹杂有凝灰质火山岩，局部夹变基性熔岩。厚度大于 1000m。

上泥盆-下石炭统云山组仅少量出露于研究区的东部，为变质石英砂岩和粉砂岩。原岩为滨海相陆源碎屑岩。

上三叠统紫家冲组由炭质页岩、砂页岩、含炭细砂岩及中细粒到中粒灰白色含云母石英砂砾岩粗细相间组成，局部含煤线，为湖泊—沼泽相沉积。

下白垩统打鼓顶组一段（K_1d^1）：呈不完整的环形，分布在盆地周边。下部岩性以紫红色粉砂岩、细砂岩为主，夹绿色流纹质晶屑玻屑凝灰岩、熔结凝灰岩，其底部可见砾岩、含砾砂岩；中部以流纹质熔结凝灰岩夹薄层紫红色细砂岩、含砾细砂岩；上部岩性主要为紫红色、杂色砂岩及粉砂岩，含有较多钙质结核。厚度不一，相山北部最厚，可达近 300m。

下白垩统打鼓顶组二段（K_1d^2）：主要分布于盆地的西部和北部，东部和西南部出露甚少，南部完全缺失。出露面积约为 10km^2。主要呈似层状，厚度变化很大，0 至近千米。岩性主要为流纹英安岩，其中部和下部局部夹紫红色薄层凝灰质粉砂岩、粉砂质泥岩，上部可见熔岩集块岩或熔岩角砾岩，其集块、角砾成分与胶结物的成分一致，均为流纹英安质。

下白垩统鹅湖岭组一段（K_1e^1）：在流纹英安岩（K_1d^2）和碎斑熔岩（K_1e^2）间呈透镜状零星产出，厚 0~50m，分布于盆地靠外圈部位，仅西南部缺失。下部岩性以紫红色粉砂岩为主，底部为含砾粉砂岩、砾岩，砾石量很少，主要成分是流纹英安岩。尚见紫红色粉砂岩呈楔状灌入打鼓顶组二段流纹英安岩顶部的裂隙中，说明鹅湖岭组与下伏打鼓顶组为不整合接触。中部岩性为流纹质晶屑玻屑凝灰岩、弱熔结凝灰岩，岩石中除大量晶屑玻屑以外，还发育塑变浆屑和少量下伏岩层的岩屑。上部岩性为暗紫红色含砾粉砂岩、细砂岩，局部有夹凝灰质砂岩。

下白垩统鹅湖岭组二段（K_1e^2）：分布广泛，出露面积约为 220km^2，约占盆地内火山岩的 80%。岩性为浅灰色、浅红色流纹质碎斑熔岩。与下伏岩层接触面由盆地四周向中心倾斜，倾斜度为南北对称，东陡西缓，并向深部逐渐变陡，总体呈"蘑菇"状（岩盖状）。碎斑熔岩以侵出相为主，局部为溢流相，巨厚的碎斑熔岩岩性单一，具有块状构造，以碎斑结构为其特征。碎斑晶为钾长石、斜长石、石英和黑云母。根据岩石中所含的岩屑、碎斑晶的数量及基质结构的变化情况，可将碎斑熔岩划分为底板相（边缘相）、过渡相（中间相）和中心相，分别为含变质岩角砾碎斑熔岩、碎斑熔岩、含花岗质团块碎斑熔岩。碎斑熔岩是矿田内主要含矿岩性之一，厚度大于 1380m。

上白垩统（K_2）：包括河口组和塘边组，为紫红色复成分砾岩、沙砾岩、含砾砂岩、粉砂岩、泥质粉砂岩。多为冲积扇或辫状河沉积，少量为浅湖相沉积。

2. 侵入岩及隐爆角砾岩

研究区侵入岩主要有下白垩统次火山岩及少量下泥盆统花岗岩。

　　下泥盆统花岗岩分布于研究区西南和西部。西南为乐安单元中粗粒巨斑状黑云母二长花岗岩。片麻状-弱片麻状构造，似斑状结构，斑晶成分为钾长石。

　　西部下泥盆统花岗岩为焦坪岩体中细粒黑云二长花岗岩，块状构造，中细粒花岗结构，粒径为 0.5~4mm。

　　下白垩统次火山岩主要为粗斑二长花岗斑岩-微细粒似斑状黑云二长花岗岩环状岩墙、岩床。另有岩浆隐爆角砾岩、热液隐爆角砾岩，以及少量辉绿岩、煌斑岩和石英二长斑岩（英安斑岩）脉。

　　粗斑二长花岗斑岩-微细粒似斑状黑云母二长花岗岩（沙洲单元）出露面积约 40km²。主要呈半环状岩墙-岩床出露于相山火山-侵入杂岩区的北部、东部和南部。该杂岩区的西部也有少量该单元的岩墙（岩枝）、岩床出露地表或在钻孔中见及。该单元岩体的产状主要为岩床和岩墙，极少量为岩枝或岩滴，有时可见其下部岩墙和上部岩床（岩床多发育于青白口纪变质岩与早白垩世火山-沉积岩交界部位）组合在一起，横断面呈"T"形或"7"形。

　　此外，相山矿田还有多期次的霏细（斑）岩或细斑花岗斑岩脉，视厚度为几厘米到二十多米不等，主要分布于碎斑熔岩、流纹英安岩、粗斑花岗斑岩、隐爆角砾岩中，在岩体与其他地质体接触部位尤为多见。这些岩脉地表较少见，多为隐伏，前人常将其误判为凝灰岩。

　　3. 构造

　　测区离北侧的近东西向江绍缝合带及东侧的近南北（北北东）向鹰潭-安远断裂带很近（50km以内）。北东向的遂川-德兴深断裂从测区的西北角穿过。受上述构造体系的控制或影响，本区构造以发育东西向断褶带及北东向、南北向（北北东向）、北西向断裂为特征。

　　区域北东向构造属于遂川-德兴深断裂带组成部分。北东向构造在区域上分布广泛，延伸长，基本控制了该区域中生代、新生代构造的展布方向。

　　区域南北向构造（包括北北东向）断续分布，在规模和连续性上不如北东向构造。相山-黄陂-宁都南北向断裂带穿过相山中部并向南延伸到宁都，遥感、重磁特征清晰，在航空能谱图上呈现断续线性色界，反映了断裂切割很深。它们可能属于鹰潭-安远断裂（宜黄断裂带）的组成部分。

　　区域东西向构造主要为武功山-相山-大旭山东西向断褶带，规模较大，从相山北部穿过，由东西向断裂和褶皱组成。在相山地区东西向构造局部断续出现，主要表现为基底构造和燕山期构造两期。相山矿田北部东西向构造是该地带的组成部分。

　　区域火山构造表现为中生代多级的火山盆地、火山机构和火山构造，相山铀矿田就位于相山破火山机构中。相山矿田的许多粗斑花岗斑岩的就位受火山机构环形断裂（裂隙）控制。

　　4. 矿产

　　测区属于钦杭成矿带的乐安-广丰北东东向铀多金属成矿带与大王山-于山

北北东向铀多金属成矿带交汇部位（图 2-3），成矿条件优越，矿产资源丰富。相山铀多金属矿田铀已达特大型，并伴生钍、钼、钇（稀土）、磷、铅、锌、银矿，有的可构成铅、锌（银）独立矿床，还产有萤石、瓷土等非金属矿，具有上部产独立铀矿，下部产铀多金属矿或独立铅锌（银）矿的特点。相山铀矿田是与火山-浅成侵入岩有关的铀矿田中，目前中国规模最大、品位最富者，有"中国铀都"之称。

相山铀多金属矿田已探明铀矿床 24 个，其中大型矿床 3 个，中型矿床 7 个，小型矿床 14 个。还发现矿点 18 个、矿化点 21 个和一大批矿化异常点（带、晕）。目前已探明的矿床主要分布在相山矿田的北部和西部，仅 1 个矿床（中型）分布在东部。容矿围岩主要有流纹英安岩、碎斑熔岩、粗斑二长花岗斑岩，已发现有 1 个矿床赋存于热液隐爆角砾岩筒中（胶结物以绿泥石和钠长石为主）。

除热液隐爆角砾岩筒赋矿的矿体受角砾岩筒控制呈似柱状体以外，矿田内铀矿（化）体都呈脉状或群脉状，受断裂及其次级裂隙控制，产状较陡。矿脉群各脉间多平行排列，也常见侧列。单条矿脉规模一般较小，通常长 20～50m，宽度与长度相近，厚度一般为 1m 左右，呈薄板状。受裂隙密集带或断裂破碎带控制的矿体则规模较大，长度和宽度常为上百米至几百米，厚度可达几米。有工业意义的铀矿化严格限制在火山-侵入杂岩体范围内，主要产自粗斑花岗斑岩、碎斑熔岩、流纹英安岩，其外围的变质岩和火山-沉积岩中局部也有工业铀矿化，但距离岩体接触带一般不超过 400m。

矿田内主要铀矿石类型有铀-赤铁矿型、铀-绿泥石型、铀-萤石型和铀-硫化物型 4 种（表 2-2），各类矿床中都有铀-赤铁矿型矿石。西部矿床以铀-萤石和铀-硫化物型矿石为主；北部和东部矿床中以铀-赤铁矿型和铀-绿泥石型矿石为主。

表 2-2　相山铀矿田矿石类型及其特征

矿石类型	主要金属矿物		主要脉石矿物	构造	铀的存在形式
	主要铀矿物	其他金属矿物			
铀-赤铁矿型	沥青铀矿、钙铀云母、硅钙铀矿	赤铁矿、方铅矿、闪锌矿、辉钼矿、黄铜矿	方解石、绿泥石、绢云母、磷灰石和萤石	浸染状为主，少量为细脉状或网脉状	主要为独立铀矿物形式，其次为吸附状态
铀-萤石型	沥青铀矿、钛铀矿、铀石、钙铀云母、硅钙铀矿	黄铁矿、方铅矿、闪锌矿、黄铜矿	萤石、水云母、方解石、石英等	细脉状、网脉状、浸染状、巢状	呈细粒状、浸染状、胶状形式存在
铀-绿泥石型	沥青铀矿、铀黑	方铅矿、闪锌矿、黄铜矿、黄铁矿	钠长石、磷灰石、方解石、绿泥石、少量萤石	细脉状、网脉状、浸染状	呈细脉状沿绿泥石脉体分布

矿石类型	主要金属矿物		主要脉石矿物	构造	铀的存在形式
	主要铀矿物	其他金属矿物			
铀-硫化物型	沥青铀矿、钙铀云母、硅钙铀矿	黄铁矿、黄铜矿、辉钼矿、磁铁矿	绿泥石、绢云母、萤石、方解石	条带状、细脉状、网脉状、角砾状	呈半自形粒状、葡萄状，与黄铁矿等紧密共生

注：引自邵飞等，2008。

据推测，相山铀矿的成矿深度为800~2000m，现代地面与成矿期地面相比已被剥蚀500~1000m。矿田内现见矿最高标高为550m，现控制的最低见矿标高为-755m，综合垂幅已超过1300m。单个矿床一般控幅为200~400m，大的达到1000m。

相山西部牛头山矿床铀矿体主要分布在垂深500m范围内，而在垂深600~700m钻孔中见到了累计矿化视厚度达百米（尚未揭穿）、矿化垂幅达350m（已有4个钻孔控制，最深孔为1206m，矿化尚未见底）的金属硫化物矿脉带（图2-5），

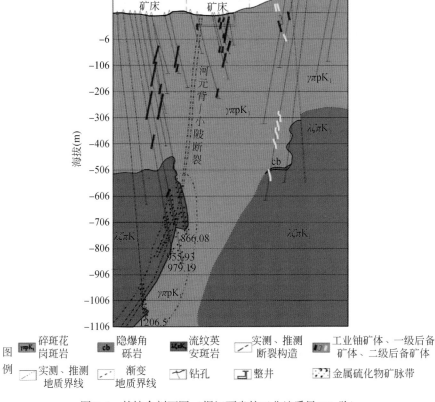

图 2-5　某综合剖面图（据江西省核工业地质局261队）

富含 Pb、Ag、Zn、Cu、In、Ga、Cd 等元素，并有达工业标准的矿层存在。铅矿层累计视厚度为 34.5m，平均品位为 1.01%；锌矿层视厚度为 5.6m，平均品位为 3.15%；银矿层视厚度为 35.5m，平均品位为 40g/t；铟矿层视厚度为 8.5m，平均品位为 16g/t。此外，在该孔底的一个样品中出现了 Cu 的富集，品位为 0.1%。

2.2　岩矿石物性测量

本着标本覆盖研究区主要填图单元、以钻孔岩心标本为主、地表岩石标本为辅的原则，本次共采集钻孔岩心标本 1386 个，地表岩石标本 243 个，涵盖了鹅湖岭组一段（砂岩凝灰岩等）、鹅湖岭组二段（碎斑熔岩）、沙洲单元（花岗斑岩）、打鼓顶组一段（凝灰岩、砂岩等）、打鼓顶组二段（流纹英安岩）、青白口系（变质岩）等主要地质单元。标本采集位置分布见图 2-6。由于采集的标本（尤其是地面标本）的形状不规则，在进行物性测试前，将标本加工成规则形状，加工后的钻孔岩心标本主要包括三种形状，圆柱形、半圆柱形和四分之一圆柱形，加工后的圆柱形标本的直径约为 3.9cm，长 5~10cm。地表采集的岩石标本被切割成规整的长方体。通过物性测试，获得了研究区主要地质单元的密度、磁化率、电阻率、极化率、速度物性参数（表 2-3）。

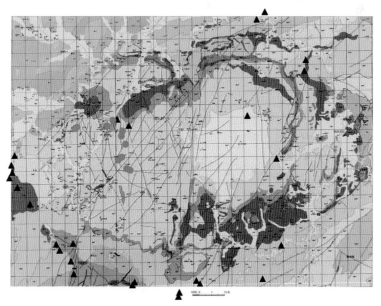

■● 物性测量岩心采样钻孔位置点　　▲ 物性测量地表样品采集点

图 2-6　标本采集位置分布图（部分样品位于工作区外，未在图中表示）

表 2-3　物性测量数据测试表

项目	钻孔岩心标本	地表岩石标本	备注
测试标本数（个）	1386	243	部分地表标本只进行了部分参数测量，少量进行了剩余磁化强度测量
物性测试参数	密度、磁化率、电阻率、极化率、波速、复电阻率	密度、磁化率、电阻率、极化率、波速、复电阻率	
地质单元	鹅湖岭组一段（凝灰岩等）、鹅湖岭组二段（碎斑熔岩）、沙洲单元（花岗斑岩）、打鼓顶组一段（凝灰岩、砂岩等）、打鼓顶组二段（流纹英安岩）、青白口系（变质岩）等	焦坪单元（中细粒黑云二长花岗岩）、乐安单元（片麻状中粗粒巨斑黑云二长花岗岩）、湖岭组二段（碎斑熔岩中心相及边缘相）	

表 2-4　物性测量仪器及主要技术指标

物性	测量仪器	主要技术指标
磁化率	SM30 磁化率仪	灵敏度为 10^{-7}、工作频率为 8kHz、测量范围为（0 ~ 999）$\times 10^{-3}$、工作温度为 -20 ~ $+50℃$、防雨型
密度	MP61001J 电子静水天平	量程大于 $1g/cm^3$、精度为 0.1g、秤盘尺寸为 174mm×143mm、重复性小于 ±0.1g、静水装置外形尺寸为 300mm×330mm×336mm、玻璃缸内尺寸为 Φ186mm×220mm
电阻率/极化率	WDJS-2 数字直流激电接收机	视极化率为 -40% ~ 40% ±2%；输入阻抗 ≥50MΩ；适应供电时间，1s、2s、4s、8s、16s、32s、64s；断电延时时间为 50 ~ 1000Ms，分 20 档；包括四组视极化率采样宽度；叠加次数在 1 ~ 10 任选；50Hz 工频压制为 80dB
复电阻率	3522-50 LCR 测试仪	测量源为恒流 10μA ~ 100mA（AC/DC）或恒压 10mV ~ 5V（AC/DC），测量频率 DC 或者 1mHz ~ 100kHz，测量量程为 $|Z|$、$|R|$，X：10.00mΩ ~ 200.00MΩ（视条件而定），θ：$-180.00°$ ~ $+180.00°$，C：0.3200pF ~ 1.0000F，L：16.000nH ~ 750.00kH，D：0.00001 ~ 9.99999，Q：0.01 ~ 999.99，$|Y|$，G，B：5.0000ns ~ 99.999s
波速	RS-ST01C 非金属超声检测仪	采样精度为 12 位、声时精度为 0.1μs

表 2-4 为本次岩石标本物性测量所利用的仪器及主要技术指标，磁化率测量采用 SM30 磁化率仪，密度测量采用 MP61001J 电子静水天平，电阻率/极化率的测试仪器为 WDJS-2 数字直流激电接收机，复电阻率测量采用 3522-50 LCR 测试仪，测试的频点数为 18 个，波速测量采用武汉岩海公司的 RS-ST01C 非金属超声检测仪。由于每个样品都要进行以上多种参数的测量，参数测量的顺序是先测磁化率，再测密度、波速，最后测量电阻率和极化率。

为了评价物性测量的准确性，对样品进行质量检查，检查标本大于标本总数的 10%，并绘制物性分布频率直方图，从中读取了物性分布常见值。统计参数为单元的样品数、平均值、标准偏差、变异系数、峰凸系数等。按照规范对测量数据进行了误差评估：密度均方误差为 3.07kg/m³，磁化率平均相对误差为2.4%，电阻率平均相对误差为 7.2%，极化率平均相对误差为 3.6%，波速平均相对误差为 2.0%，具体见表 2-5。

表 2-5　物性测量误差统计结果表

物性参数	检查标本数	平均相对误差（%）	均方误差（kg/m³）	规范误差限值
密度	155		±3.07	±20kg/m³
电阻率	128	7.2		20%
磁化率	114	2.4		20%
波速	134	2.0		20%
极化率	137	3.6		20%

注：根据《岩矿石物性调查技术规程》（DD 2006-03），物探勘查中利用岩（矿）石标本进行的物性工作精度不应低于下列精度：测定密度均方误差≤20kg/m³，磁化率平均相对误差≤20%，电阻率、极化率平均相对误差≤20%。

对物性测量数据按照地质填图单位划分，进行分类岩石物性参数特征统计，并采用 3 倍均方差法剔除异常值（单个值与平均值之差大于 3 倍的标准差就是异常）后进行统计，计算物性参数的平均值、变化范围、标准偏差、变异系数、峰凸系数等参数。另外，还进行了密度和磁化率交会分析，探讨密度和磁化率两个参数对研究区主要岩体的识别能力。将钻孔岩心标本物性参数按照深度方向排列，制作拟测井曲线图，分析物性参数地质单元划分能力及随深度的变化规律。

2.3　典型岩石的物性特征

2.3.1　密度特征

研究区主要地质单元密度特征见表 2-6 和图 2-7，由统计结果可以看出，密度频率分布整体为单峰正态分布特征，钻孔岩心标本相对地表标本密度数据测量结果偏高，分析可能是由于地表标本部分被风化。

盆地内主要地层密度值差异较为明显，一般地层时代越早，密度值越大。青白口系（变质岩）的密度最大，为高密度体。打鼓顶组次之，总体为该区的中密度体，打鼓顶组一段（凝灰岩、含砾砂岩等）密度比打鼓顶组二段（流纹英安岩）高 0.02g/cm³。鹅湖岭组一段（砂岩、凝灰岩等）密度比鹅湖岭组二段（碎斑熔岩）高 0.04g/cm³，为中低密度体。鹅湖岭组二段（碎斑熔岩）、沙洲单元（花岗斑岩）密度最小，为相山地区的低密度体。因此，相山火山盆地内的主要密度界面是盖层火山岩与基底变质岩之间的密度界面，其密度差达 0.04 ~ 0.12g/cm³。所以，重力场的高低变化基本反映了基底的起伏变化，打鼓顶组与鹅湖岭组、沙洲单元之间的密度界面可能产生局部重力异常，其密度差达 0.04 ~ 0.08g/cm³。

表 2-6　主要地质单元密度特征

地质单元	主要岩性	标本数（个）	最小值（g/cm³）	最大值（g/cm³）	算数平均值（g/cm³）	常见值（g/cm³）
沙洲单元	花岗斑岩	96	2.59	2.67	2.64	2.65
鹅湖岭组二段	碎斑熔岩	839	2.4	2.84	2.63	2.64
鹅湖岭组一段	砂岩、凝灰岩等	24	2.54	2.75	2.67	2.68
打鼓顶组二段	流纹英安岩	334	2.58	2.78	2.69	2.7
打鼓顶组一段	凝灰岩、含砾砂岩等	30	2.59	2.77	2.71	2.72

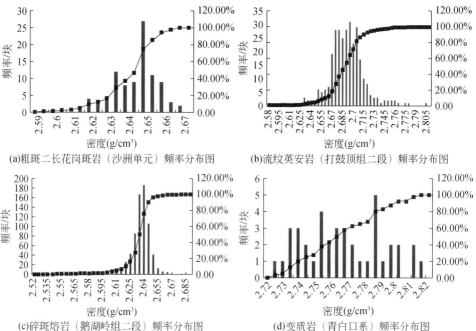

(a)粗斑二长花岗斑岩（沙洲单元）频率分布图

(b)流纹英安岩（打鼓顶组二段）频率分布图

(c)碎斑熔岩（鹅湖岭组二段）频率分布图

(d)变质岩（青白口系）频率分布图

图 2-7　研究区主要地质填图单元密度频率分布直方图

2.3.2　磁化率特征

磁化率频率分布大多数呈现正态分布，但正态分布形态较密度分布差，说明磁化率的影响因素更为复杂。地表采集变质岩相对于钻孔变质岩磁性测量结果普遍偏高，分析可能是地表标本取自云际一带，花岗斑岩较发育，受其影响，变质岩可能表现出较高的磁性，但钻孔变质岩的正态分布明显，表现为低磁性，地表标本表现的高磁性应该更多归因于地表的各种影响因素。

　　相山地区是个弱磁区，各种岩性的磁化率只有几十至几百单位，总的来说，盖层火山岩比基底岩性磁性强（图2-8 和表2-7）。相山火山盆地基底青白口系变质岩磁性很弱，基本上无磁性。打鼓顶组总体表现为弱磁性。鹅湖岭组一段（砂岩、凝灰岩等）为弱磁性，鹅湖岭组二段（碎斑熔岩）中心相有相对较强且比较复杂的磁性，边缘相比中心相磁性弱，变化复杂。沙洲单元中非蚀变花岗斑岩具有高磁性，蚀变花岗斑岩具有弱磁性。因此，火山岩-次火山岩是主要磁源体，基底变质岩顶面为磁性体的下界面。

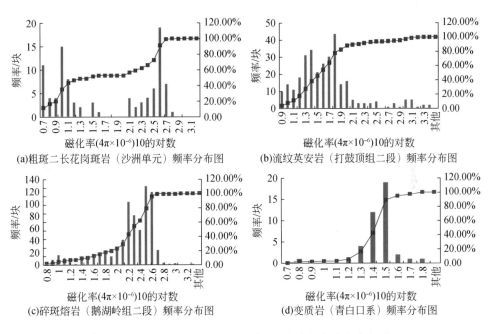

(a)粗斑二长花岗斑岩（沙洲单元）频率分布图　　(b)流纹英安岩（打鼓顶组二段）频率分布图

(c)碎斑熔岩（鹅湖岭组二段）频率分布图　　(d)变质岩（青白口系）频率分布图

图2-8　相山铀矿田主要地质单元磁化率频率分布直方图

表2-7　主要地质单元磁化率特征

地质单元	主要岩性		样本数（个）	最小值（$4\pi\times10^{-6}$）	最大值（$4\pi\times10^{-6}$）	几何平均值（$4\pi\times10^{-6}$）	常见值（$4\pi\times10^{-6}$）
沙洲单元	花岗斑岩	蚀变	51	4.2	71.5	12.7	10
		非蚀变	46	204.9	1150.9	575.8	794
鹅湖岭组二段	碎斑熔岩	中心相	835	1.1	750.5	169.6	316
		边缘相					63

续表

地质单元	主要岩性	样本数 （个）	最小值 $(4\pi\times10^{-6})$	最大值 $(4\pi\times10^{-6})$	几何平均值 $(4\pi\times10^{-6})$	常见值 $(4\pi\times10^{-6})$
鹅湖岭组一段	砂岩、凝灰岩等	23	6.8	675.6	48.7	63
打鼓顶组二段	流纹英安岩	331	6.8	994.4	36.6	56
打鼓顶组一段	凝灰岩、含砾砂岩等	27	5.5	176.2	26.7	25
青白口系	变质岩	40	5.6	43.2	23.7	28

2.3.3　电阻率特征

　　电阻率频率一般呈现正态分布，但电阻率的影响因素较多，正态分布规律相对不够明显。地表采集的碎斑熔岩相对于钻孔碎斑熔岩的电阻率明显低，推测是由表层风化等引起的。

　　相山地区主要岩性的电阻率具有明显的差异（图2-9和表2-8）。青白口系变质岩中石英片岩电阻率较高（高阻）、千枚岩电阻率相对较低（中低阻）；打鼓顶组一段（砂岩、凝灰岩等）、打鼓顶组二段（流纹英安岩）电阻率较低，属于低阻；鹅湖岭组一段（砂岩、凝灰岩等）电阻率较低（低阻），鹅湖岭组二段（碎斑熔岩）电阻率较高（高阻）；沙洲单元中非蚀变花岗斑岩为高阻，蚀变花岗斑岩为低阻。

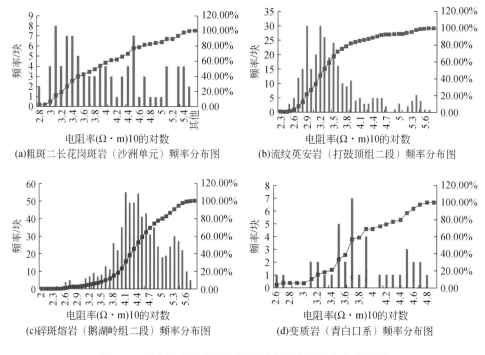

(a)粗斑二长花岗斑岩（沙洲单元）频率分布图　　　(b)流纹英安岩（打鼓顶组二段）频率分布图

(c)碎斑熔岩（鹅湖岭组二段）频率分布图　　　(d)变质岩（青白口系）频率分布图

图2-9　相山铀矿田主要地质单元电阻率频率分布直方图

表 2-8 主要地质单元电阻率特征

地质单元	主要岩性		样本数（个）	最小值（Ω·m）	最大值（Ω·m）	几何平均值（Ω·m）	常见值（Ω·m）
沙洲单元	花岗斑岩	蚀变	51	603	8231	2181	2521
		非蚀变	46	8337	255299	46437	39811
鹅湖岭组二段	碎斑熔岩		818	90	1918205	22876	17783
鹅湖岭组一段	砂岩、凝灰岩等		23	272	23276	2272	3162
打鼓顶组二段	流纹英安岩		319	16	181585	2162	1585
打鼓顶组一段	凝灰岩、含砾砂岩等		25	86	7372	1189	2512
青白口系	变质岩	千枚岩	40	196	55614	5310	6310
		石英片岩					39800

2.3.4 极化率特征

极化率频率分布基本呈现单峰正态分布特征，偏峰现象较多。研究区主要地质单元的极化率差异不大，打鼓顶组和沙洲单元为 1.5，鹅湖岭组为 1 左右，青白口系为 1.2 左右。

相山地区主要岩性的极化率差异不明显（图 2-10 和表 2-9），极化率整体偏

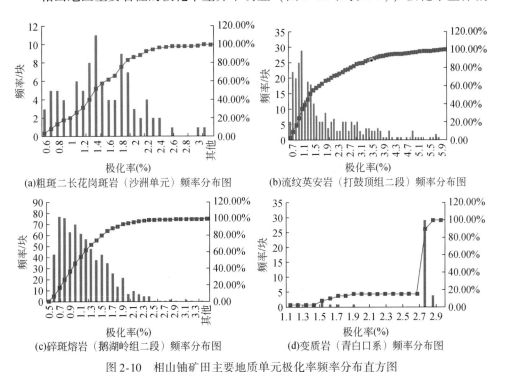

(a)粗斑二长花岗斑岩（沙洲单元）频率分布图

(b)流纹英安岩（打鼓顶组二段）频率分布图

(c)碎斑熔岩（鹅湖岭组二段）频率分布图

(d)变质岩（青白口系）频率分布图

图 2-10 相山铀矿田主要地质单元极化率频率分布直方图

小，局部矿化地区标本极化率达到 4 以上。打鼓顶组一段（凝灰岩、含砾砂岩等）、打鼓顶组二段（流纹英安岩）极化率偏高，几何平均值达到 2 左右，其他地层极化率的几何平均值为 1.14 ~ 1.5，区别不大。

表 2-9　主要地质单元极化率统计表

地质单元	主要岩性	样本数（个）	最小值（%）	最大值（%）	算数平均值（%）	常见值（%）
沙洲单元	花岗斑岩	95	0.563	3.02	1.446	1.5
鹅湖岭组二段	碎斑熔岩	834	0.45	3.42	1.14	0.75
鹅湖岭组一段	砂岩、凝灰岩等	23	0.64	2.56	1.17	1
打鼓顶组二段	流纹英安岩	330	0.56	6.62	1.92	1.5
打鼓顶组一段	凝灰岩、含砾砂岩等	29	0.72	5.5	2.2	1.5
青白口系	变质岩	39	0.37	3.56	1.49	1.2

2.3.5　波速特征

研究区波速频率分布基本呈现单峰正态分布特征，主要地质单元波速特征见图 2-11 和表 2-10。青白口系变质岩与其他岩体之间波速差异较大，其波速高达 1000m/s 左右，可以形成明显的速度界面，为利用地震勘探对基底进行深部成像提供了依据。其他岩石之间的波速差异在 100 ~ 200m/s，差异相对较小。

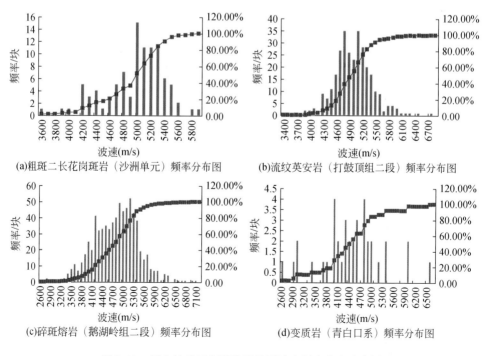

(a)粗斑二长花岗斑岩（沙洲单元）频率分布图

(b)流纹英安岩（打鼓顶组二段）频率分布图

(c)碎斑熔岩（鹅湖岭组二段）频率分布图

(d)变质岩（青白口系）频率分布图

图 2-11　相山铀矿田主要地质单元波速频率分布直方图

表 2-10　主要地质单元波速统计表

地质单元	主要岩性	样本数（个）	最小值（km/s）	最大值（km/s）	算数平均值（km/s）	常见值（km/s）
沙洲单元	花岗斑岩	95	0.563	3.02	1.446	1.5
鹅湖岭组二段	碎斑熔岩	834	0.45	3.42	1.14	0.75
鹅湖岭组一段	砂岩、凝灰岩等	23	0.64	2.56	1.17	1
打鼓顶组二段	流纹英安岩	330	0.56	6.62	1.92	1.5
打鼓顶组一段	凝灰岩、含砾砂岩等	29	0.72	5.5	2.2	1.5
青白口系	变质岩	39	0.37	3.56	1.49	1.2

2.3.6　密度与磁化率交会分析

　　为研究密度和磁化率两个参数对研究区主要岩体的识别能力，进行了密度和磁化率交会分析。根据密度与磁化率交会分析结果，可将岩石划分为三类，其区分效果仍主要由密度差异来体现（图 2-12）。为此提取了逆质量磁化率（质量磁化率的倒数，质量磁化率为体积磁化率与密度的比值），进行逆质量磁化率和密度的交会分析（图 2-13），利用逆质量磁化率与密度交会的结果对岩石分类的效果明显。逆质量磁化率与密度的交会图可将物性交会区域划分为 4 个区，分别对应变质岩、花岗斑岩、流纹英安岩、碎斑熔岩。该结果为研究区域开展重、磁联合反演提供更为广阔的思路。

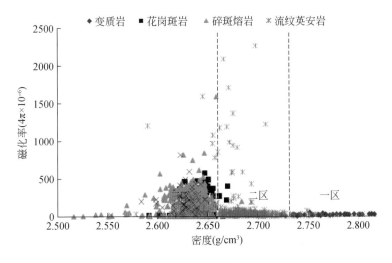

图 2-12　相山火山盆地岩石密度与磁化率交会图

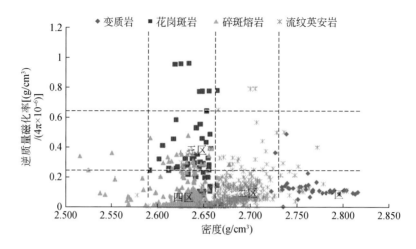

图 2-13　相山火山盆地岩石密度与逆质量磁化率交会图

2.3.7　物性沿深度变化

为了解沿深度方向的物性变化，绘制了 13 个钻孔编录与电阻率、磁化率、密度 3 个物性参数沿深度变化的对比图（图 2-14 ~ 图 2-26），从图中可以总结出以下结论。

1）密度与岩心编录资料对应效果最佳、最稳定，编录资料中岩性界面与物性曲线趋势变化对应良好，反映出碎斑熔岩与花岗斑岩的低密度特性、变质岩的高密度特性、流纹英安岩的中密度特性。

2）磁化率随深度的变化趋势也能和岩心编录资料对应较好，只是岩石标本磁化率测量结果的影响因素更复杂，其物性曲线震荡较密度曲线更剧烈，但总体趋势仍能很好地区分岩性分界面，反映出碎斑熔岩与花岗斑岩的高磁性特性、变质岩的低磁性特性、流纹英安岩的中偏低磁性特征。

3）电阻率随深度的变化趋势总体上与岩心编录资料相对应，电阻率数据的分布范围更大，变化更加剧烈。值得注意的是，对于多数钻孔，碎斑熔岩的电阻率在 100 ~ 250m 深度范围内为相对低阻，这点对于电磁法探测和资料解译来说值得关注。

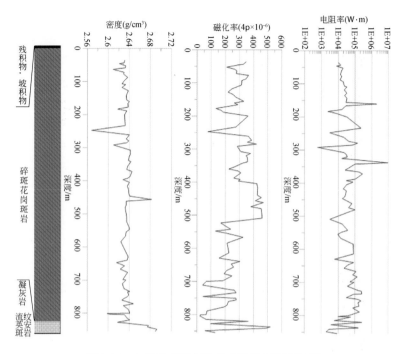

图 2-14　1#钻孔编录与物性参数沿深度变化图

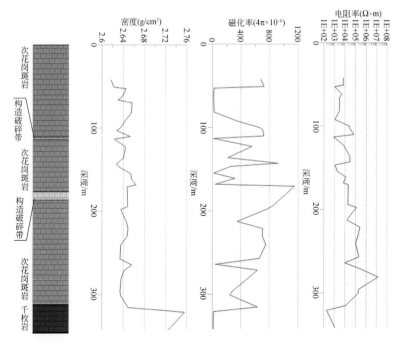

图 2-15　2#钻孔编录与物性参数沿深度变化图

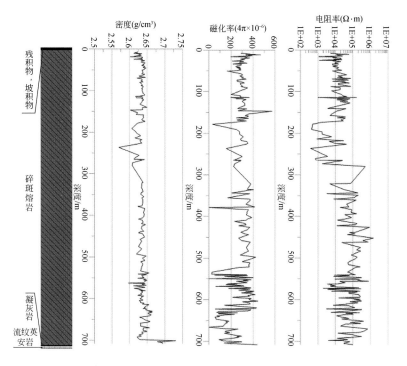

图 2-16　3#钻孔编录与物性参数沿深度变化图

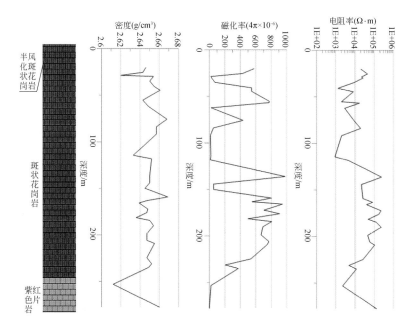

图 2-17　4#钻孔编录与物性参数沿深度变化图

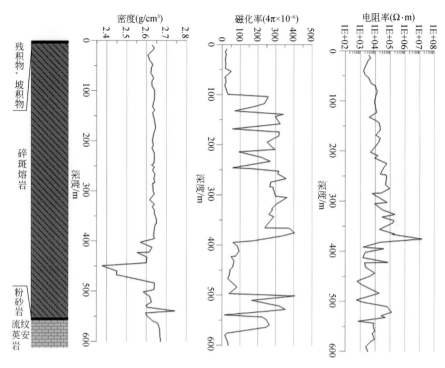

图 2-18 5#钻孔编录与物性参数沿深度变化图

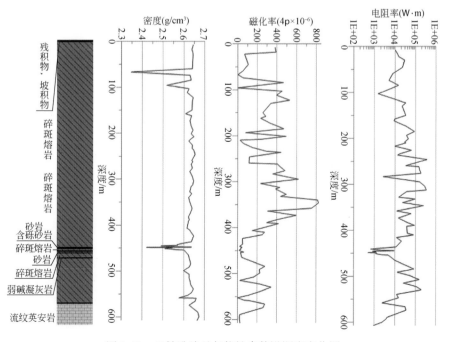

图 2-19 6#钻孔编录与物性参数沿深度变化图

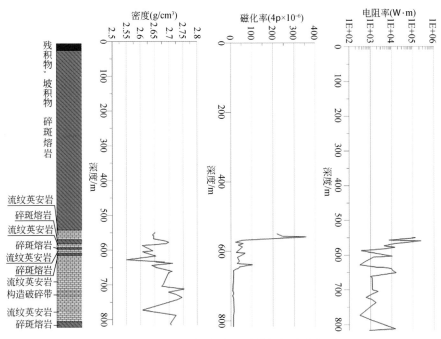

图 2-20　7#钻孔编录与物性参数沿深度变化图

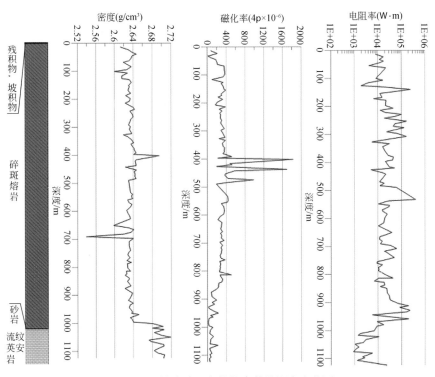

图 2-21　8#钻孔编录与物性参数沿深度变化图

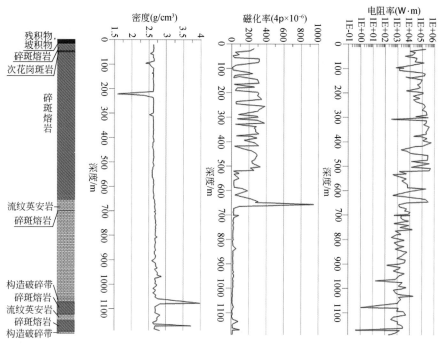

图 2-22　9#钻孔编录与物性参数沿深度变化图

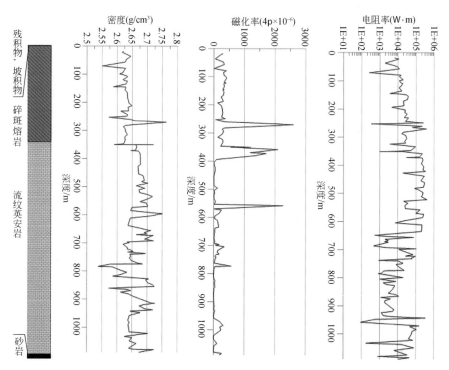

图 2-23　10#钻孔编录与物性参数沿深度变化图

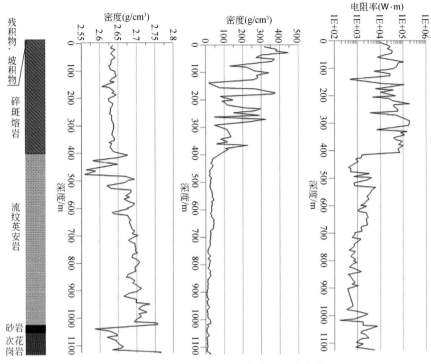

图 2-24 11#钻孔编录与物性参数沿深度变化图

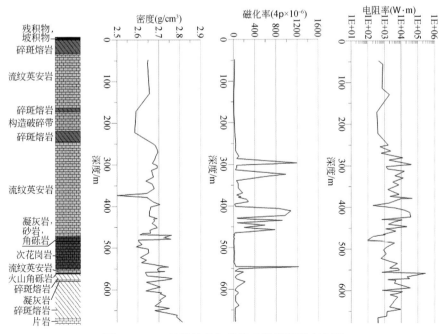

图 2-25 12#钻孔编录与物性参数沿深度变化图

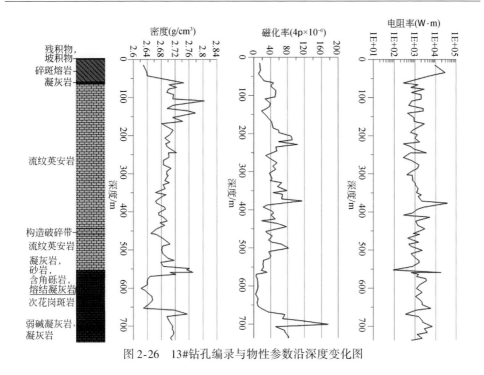

图 2-26　13#钻孔编录与物性参数沿深度变化图

2.4　典型地层物性特征

根据统计分析总结了研究区主要地层的物性特征（表 2-11），具体如下。

1. 青白口系物性特性

相山火山盆地主要地质单元中，青白口系变质岩的密度最高，与其他地质体密度差异达 0.04~0.12g/cm³；磁化率低，为低磁或无磁特征；下部片岩类（石英片岩等）电阻率高，体现为高阻特征，上部千枚岩电阻率较低，体现为中低阻特征。

青白口系变质岩与其他地质单元间可形成明显的密度、磁化率及电阻率物性界面。

2. 打鼓顶组物性特征

打鼓顶组一段和打鼓顶组二段物性特征相近。打鼓顶组的密度介于青白口系变质岩与鹅湖岭组、沙洲单元之间，为中密度特征，其与高密度青白口系变质岩的密度差及与低密度的鹅湖岭组、沙洲单元之间的密度差都可达到 0.05g/cm³ 左右；磁化率较低，体现出低磁性特征；电阻率低，体现为低阻特征。

打鼓顶组与青白口系、鹅湖岭组、沙洲单元间均可形成相对明显的密度界面，与沙洲单元的非蚀变花岗斑岩、鹅湖岭组二段碎斑熔岩及青白口系下部片岩类变质岩之间可形成较明显的电性界面，与沙洲单元的非蚀变花岗斑岩及鹅湖岭组二段中心相碎斑熔岩之间可形成较明显的磁性界面。

3. 鹅湖岭组物性特征

鹅湖岭组一段呈现出低密度、低磁化率、低电阻率的特征。鹅湖岭组二段呈现出低密度、高电阻率特征，鹅湖岭组二段中心相碎斑熔岩为高磁化率特征，鹅湖岭组二段边缘相碎斑熔岩为低磁化率特征。

鹅湖岭组与青白口系、打鼓顶组之间可分别形成较明显的密度界面。鹅湖岭组一段与青白口系片岩类变质岩可形成电性界面。鹅湖岭组二段与青白口系千枚岩、打鼓顶组之间可形成电性界面。鹅湖岭组二段中心相可与青白口系变质岩、打鼓顶组之间形成磁性界面。

4. 沙洲单元物性特征

沙洲单元中蚀变花岗斑岩与非蚀变花岗斑岩体现出明显的物性特征差异。沙洲单元的蚀变花岗斑岩为低密度、低磁化率、低电阻率特征，沙洲单元的非蚀变花岗斑岩体现为低密度、高磁化率、高电阻率特征。

沙洲单元与青白口系、打鼓顶组之间可形成较明显的密度界面。沙洲单元的蚀变花岗斑岩与鹅湖岭组二段碎斑熔岩、青白口系片岩类变质岩及沙洲单元的非蚀变花岗斑岩可形成较明显的电性界面，与鹅湖岭组二段中心相碎斑熔岩、沙洲单元的非蚀变花岗斑岩之间可形成较明显的磁性界面。沙洲单元的非蚀变花岗斑岩与打鼓顶组、青白口系千枚岩及沙洲单元的蚀变花岗斑岩之间可形成较明显的电性界面，与打鼓顶组、青白口系、鹅湖岭组一段、鹅湖岭组二段边缘相碎斑熔岩及沙洲单元的蚀变花岗斑岩之间可形成较明显的磁性界面。

5. 其他地质单元物性特征

地表采集标本物性测试表明：焦平单元和乐安单元具有低磁化率、低电阻率特征，但由于地表采集标本的磁性与电性受地表因素影响较大，测量结果仅供参考。红层表现为低密度、低磁化率、低电阻率特征。

6. 断裂带

断裂带岩石破碎，没有测试相应标本的物性参数。断裂带由于其岩石破碎及可能富含地下水等，其一般表现为低密度、低电阻率的物性特征。

表 2-11　相山地区主要地质单元物性特征表

地质单元		密度常见值（g/cm³）	磁化率常见值（4π×10⁻⁶）	电阻率常见值（Ω·m）	极化率常见值（%）	波速常见值（m/s）	样本数（个）	典型物性特征
沙洲单元	蚀变	2.65	10	2512	1.5	5200	97	低电阻率、低磁化率、低密度特征
	非蚀变		794	39811				高电阻率、高磁化率、低密度特征

续表

地质单元		密度常见值 (g/cm³)	磁化率常见值 (4π×10⁻⁶)	电阻率常见值 (Ω·m)	极化率常见值 (%)	波速常见值 (m/s)	样本数 (个)	典型物性特征
鹅湖岭组二段	边缘相	2.64	63	17783	0.75	5000	839	高电阻率、低密度、低磁化率特征
	中心相		316					高电阻率、低密度、高磁化率特征
鹅湖岭组一段		2.68	63.1	3162	1	5100	24	低电阻率、低密度、低磁化率特征
打鼓顶组二段		2.7	56	1585	1.5	5100	334	低磁化率、低电阻率、中高密度特征
打鼓顶组一段		2.72	25	2512	1.5	5400	30	低磁化率、低电阻率、中高密度特征
青白口系变质岩	千枚岩	2.76	28	6310	1.2	4200	41	高密度、低磁化率、中低电阻率特征
	绢云石英片岩			39800				高密度、低磁化率、高电阻率特征

第3章　下庄花岗岩型铀矿田物性特征

下庄花岗岩型铀矿田（简称下庄矿田）是我国最早发现和最重要的花岗岩型铀矿田之一，也是我国花岗岩型铀矿研究的摇篮。该矿田铀矿化类型丰富，已探明 18 个矿床，从矿床的产出地质特征和控矿因素看，包括硅化带型、交点型、蚀变碎裂岩型和花岗岩外带型，其中以硅化带脉型和交点型为主。下庄铀矿已开采了近 60 年，地表和浅部铀矿化逐渐减少，如何"攻深找盲"是新一轮找矿勘探的重点和难点。地球物理勘探是"攻深找盲"的先导工作，其中研究区的地球物理特征研究又是一项基础工作。在国家核能开发等项目的支持下，笔者及团队成员对下庄铀矿田的钻孔岩心和地面露头进行标本采集，对粗粒辉绿岩、细粒辉绿岩、板岩、中粒二云母花岗岩（含矿）、中细粒二云母花岗岩（含矿）、中粒二云母花岗岩、中细粒二云母花岗岩、中粒二云母花岗岩（强蚀变）、中粒二云母花岗岩（弱蚀变）、硅化带上岩石、中粒黑云母花岗岩等主要地质单元的密度、磁化率、电阻率和极化率（时间域和频率域）、波速等物性参数进行了测试和统计研究，力图为该区的地球物理勘探工作设计和资料解释提供依据和参考。

3.1　下庄花岗岩型铀矿田概况

下庄矿田位于江西省全南县和广东省翁源县边境，处于扬子板块与华夏陆块之间的钦（州）-杭（州）结合带南侧的罗霄褶皱带南端，其大地构造演化受制于中国东南部大地构造演化，该矿田是桃山-诸广铀成矿带内 3 个铀矿田之一（丁瑞钦和梁天锡，2003）。

3.1.1　区域地质概况

1. 大地构造位置

研究区属于南岭东西构造带中段，中国东部环太平洋陆缘构造域的东南端，位于华南大陆的南东部之华夏地块和南海地块中，也是两大构造域（特提斯构造域和环太平洋构造域）和三大板块（欧亚板块、太平洋板块和印度板块）的汇聚部位。

研究区的大地构造框架由两套时间、性质和特征完全不同的构造系统组成，一套是构成中国东部大地构造基础的一系列近东西走向的构造系统，它基本反映了古生代的构造面貌。另一套是叠加在近东西向古构造系统之上的 NE—NNE 向构造系统，它反映的是中、新生代的构造面貌，两套构造系统相互交错、叠置，构成镶嵌构造和立交桥式结构，共同构成了本区大地构造的基本框架（图 3-1）。

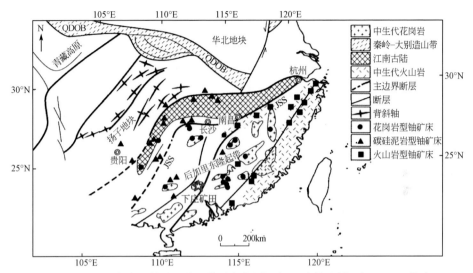

图 3-1　下庄花岗岩型铀矿田大地构造框架图（据丁瑞钦和梁天锡，2003 修改）

2. 贵东岩体东部断裂构造

贵东岩体东部断裂构造十分发育，下庄矿田位于东西向、北东东向和北北东向三组断裂交汇处（图 3-2）。构造具有活动的长期性和继承性，纵横交错，构成了矿田的棋盘格状圈围构造格局，控制着矿体的形态及分布。其中东西向断裂构造是区内形成较早的一组韧性剪切带、挤压带，是由晚期岩浆岩、次火山岩、中基性岩等组成的复杂构造带，控制了矿田早期铀矿化活动，是主要的导矿和储矿构造带，从北往南形成了雷打山、大帽峰、石土岭、阿婆吉等东西向构造带。北东东向断裂构造带，在矿田北部有上洞–黄陂石英断裂带，南缘有马屎山断裂带，二者构成断陷夹持区，区内分布有不同序、次低级别相互平行的 86、106、108、14、31 等蚀变碎裂岩带，呈等间距分布，是晚期富铀热液的主要储矿、局部导矿的构造带。北北东向硅化断裂带，是区内最发育、控制铀成矿的主要构造带，由西向东呈等间距分布，主要断裂有明珠湖、新桥–下庄、102–石角围、仙人嶂、大平庵、坪田等。

3. 区域地质背景

中元古代以来，由于地壳运动，区域内在构造运动中边界条件与强烈程度并不相同。东西向的特提斯域和北东向的东亚大陆边缘活动带在不同时代、以不同方式、在时空转换和深部过程中导致地质构造发生重大变化，形成了中国东南部复杂的盆地格局。其中前中生代主要受东西向的体系控制而形成分布广泛的东西向构造；中生代主要受太平洋板块构造活动的制约，北东向东亚陆缘构造活动范

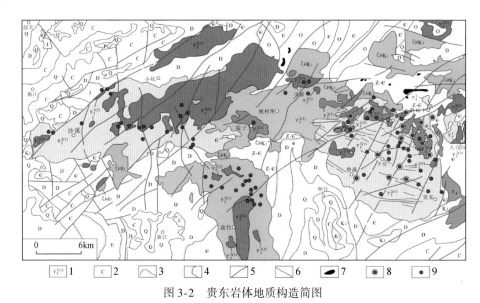

图 3-2　贵东岩体地质构造简图

1. 岩体时代；2. 地层时代；3. 地层界线；4. 不整合界线；5. 断裂；6. 基性岩脉；7. 基性岩；
8. 铀矿床；9. 铀矿点

围相对狭窄。自侏罗纪开始，古太平洋板块通过强烈的俯冲作用，东西构造域被南北构造域替换，叠加在近东西向的古构造体系之上，基本反映出中、新生代的构造特征。近年来，随着地质工作程度的加深，对这两大构造体系有了新的认识，舒良树、邢光福、余心起、徐先兵等研究了中、新生代沉积盆地中火山岩年代学及构造演化的特点，认为在中侏罗世转换作用才发生，转换完成是在早白垩世早期；但周新民、孙涛等认为，华南岩浆活动的相对平静期是早侏罗世，印支活动继续影响受古太平洋板块消减作用的过渡期，其中早侏罗世达到转换的巅峰期。

4. 区域地层

矿田东部、东北部、北部外接触带见寒武系下亚群牛角河群地层，为灰绿、深灰色砂岩、板岩与浅变质石英砂岩、长石石英砂岩互层；矿田西南、南部外接触带见泥盆系中统桂头组砂岩夹页岩、粉砂岩；矿田东南部外接触带见白垩系上统南雄群砾岩、砂砾岩、粉砂岩。

5. 区域构造

矿田内主要分布东西向、北东东向和北北东向三组构造带（图 3-3）。

（1）东西向构造带

东西向构造带在矿田内形成时间较早，是由韧性剪切带、挤压带和中基性岩脉等组成的复杂构造带，也是矿田早期铀成矿主要导矿和储矿构造带，属于冷洞-司前-竹山下和大宝山-白门楼-仙人嶂东西向复杂构造带的组成部分，从北

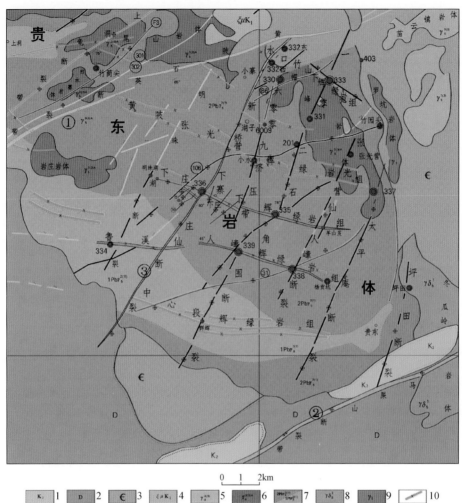

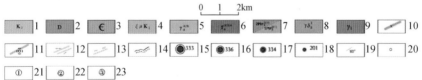

图 3-3　下庄矿田地质图（据广东省核工业地质局 293 大队）

1. 上白垩统；2. 泥盆系；3. 寒武系；4. 英安斑岩；5. 细粒白云母花岗岩；6. 中细粒二云母花岗岩；
7. 燕山期花岗岩；8. 印支期花岗闪长岩；9. 中生代辉长岩；10. 片麻状黑云母花岗岩；11. 辉绿岩
带；12. 硅化带；13. 蚀变碎裂岩带、石英断裂带挤压带；14. 韧性剪切带；15. 地层不整合线；
16. 矿床及编号；17. 富矿床；18. 产状；19. 居民点；20. 矿点；21. 黄陂断裂带；22. 马屎山断裂
带；23. 新桥-下庄断裂带

往南依次有水口-竹山下、黄陂-张光营、下庄-寨下、鲁溪-仙人嶂、中心段五
组，充填岩性主要为辉绿岩。另外还有雷打山、大帽峰、石土岭、阿婆吉 4 组东
西向糜棱岩带，为矿田早期铀矿主要导矿和储矿的构造带。

（2）北东东向构造带

该组构造带在区域上属于粤北山字形构造东翼弧组成部分，有矿田西北部的黄陂石英断裂带，南东部的马屎山断裂带，一南一北控制着矿田的范围。两带之间还有同序次低级别的86、106、108、14、31等蚀变碎裂岩带，呈等间距分布。以充填白色块状高温石英为主，压扭性，左行扭动，普遍可见其错移辉绿岩脉等。黄陂石英断裂带与马屎山断裂带之间具有断陷带性质，为全南断陷带南西段，与红盆分布紧密相连，该断裂带为矿田的主要导矿、储矿构造。

（3）北北东向构造带

该组构造带在区域上属于油山-下庄新华夏系的一部分，为矿田最后活动的构造，压扭性，多为左行扭动，错移早期形成的辉绿岩、挤压带、石英断裂带，成组分布，以充填各色微晶石英、沥青铀矿、黄铁矿、赤铁矿、萤石、方解石等为主要特征，是矿田的主含矿构造带。从西往东有明珠湖、新桥-下庄、102-石角围、仙人嶂-张光营、太平庵、坪田六组，分布幅度宽约23km，呈约3km的等间距分布。

6. 区域岩浆岩

矿田岩浆活动具有多期多次特点，目前普遍认为是燕山期花岗岩，主体、补体、中基性岩脉发育。

矿田主体岩石为燕山第一期主侵入花岗岩，呈岩基产出，岩体分相较好，岩性主要有粗粒（巨）斑状黑云母（二长）花岗岩、中粒似斑状黑云母花岗岩、细粒黑云母花岗岩、二云母花岗岩。

补体岩石主要有燕山第三期第一补充侵入的中细粒、细粒，含微斜长石、石英小斑的二云母花岗岩；燕山第三期第二补充侵入的细粒、不等粒的白云母花岗岩。

中基性岩脉矿田内成群成组分布，沿东西向构造形成近东西向辉绿岩脉，从北往南依次有水口-竹山下、黄陂-张光营、明珠湖-寨下、鲁溪-仙人嶂、中心段五组；沿部分NNE向扭张裂隙充填辉绿岩、闪长玢岩；沿南北向断裂充填辉绿玢岩。

7. 区域变质岩

矿田东部、东北部、北部外接触带见寒武系下亚群牛角河群地层，为灰绿、深灰色砂岩、板岩与浅变质石英砂岩、长石石英砂岩互层；西南、南部外接触带见泥盆系中统桂头组砂岩夹页岩、粉砂岩；东南部外接触带见上白垩统南雄群砾岩、沙砾岩、粉砂岩。

3.1.2 区域矿产与成矿背景

1. 区域矿产

下庄矿田已发现的矿产主要有铜、铅、锌、钨、锡、铁等金属矿产和伟晶岩（钾长石、绿柱石）、石英、萤石、饰面板材等非金属矿产。多金属矿产主要发现于寒武系、泥盆系中，受构造、岩性、岩浆岩复合作用的影响，主要代表为西部大宝山多金属矿，北东侧有大吉山大型钨矿床及东南部的大尖山中型铅锌矿床等。另外，矿田的新桥、下庄、白水寨、司前等多处有地热分布，泻水寨坑、三十六公里、湖子北及下庄有萤石矿分布，明珠湖、全洞等地有稀土矿分布。

2. 铀矿化特征

矿田内已发现 18 个铀矿床及一批矿点、矿化点，铀矿化严格受构造控制，3 个方向的断裂构造相互交汇，构成棋盘格子状，控制了铀矿床的分布。铀矿化类型按控矿构造特征主要分为硅化带大脉型、"交点"型、密集裂隙带型、蚀变碎裂岩型、花岗岩外带型 5 种（张展适等，2009；黄国龙等，2006；吴烈勤和谭正中，2004）。

根据矿床地质特征、矿体形态和工作实际，矿田内铀矿床则可分为大脉型矿床、群脉型矿床、交点型矿床、黏土化蚀变带型矿床和盆地边缘花岗岩外带型矿床。各类型铀矿化特征如下。

（1）大脉型矿床

大脉型矿床是岩体中最主要的矿床类型，其特点是矿体呈单脉状、侧列状或厚大的透镜状产出。按矿床产出条件和特征又可分为：

1）产于 NNW 向中小断裂中的大脉型矿床。断裂长数百米至数千米，由矿前期硅化岩和成矿期铀-赤铁矿-红色微晶石英构成，主要蚀变为硅化、水云母化，局部有碱交代（邓平等，2005）。沿断裂的大部分地段都有矿体产出，矿体的大小与构造带的规模呈正相关关系，矿体长数十米至几百米，最长的大于 1000m，矿化最大深度达 1000 多米；厚度变化大，由数十厘米至 3m，最大 10m。矿床规模较大，属于中-低品位（0.080%~0.140%）矿石。

2）产于 NE 或 NEE 向大断裂中的大脉型矿床。断裂规模大，主要由矿前白色石英和硅化岩组成，围岩蚀变为硅化、绿泥石化、水云母化和碱交代，最宽可达数百米。成矿期热液活动和脉体充填只在断裂局部地段产生，形成厚大的透镜状矿体。矿体沿走向和倾向延伸数十至数百米，一般厚度为数米至十多米，最大可达 40m，矿床平均品位达 0.12%~0.3%，绿泥石化强，品位较高。

（2）群脉型矿床

矿床产于岩体边缘，其特点是矿化受裂隙群控制，单体规模小，但成群产出，形态多变、品位高。近矿围岩蚀变为红化、绢云母化、硅化，面状蚀变为水云母化和绿泥石化。

（3）交点型矿床

该类型矿床特点是控矿构造与含矿构造，或含矿构造与含矿构造相交，其交线的轨迹便是矿体赋存部位。矿体形态为柱状，其沿倾向延伸深度大大超过走向长度，但规模不大，矿量较集中，常构成独立的有工业价值的矿体或矿床，品位较高（0.27%）。

（4）黏土化蚀变带型矿床

黏土化蚀变带型矿床特点是矿体小而多，品位低但均匀，矿石较松软，铀矿呈微脉浸染状，少数呈吸附状态，矿石与围岩常呈渐变过渡状态，矿体产状常与含矿构造产状不一致，是典型的带外矿体，围岩蚀变有绿泥石化、红化、碳酸盐化。该类型矿床根据蚀变矿物特征又可分为绿色蚀变带型矿床、红色蚀变带型矿床和紫色蚀变带型矿床。

（5）盆地边缘花岗岩外带型矿床

该类型矿床产于南雄盆地北缘紧靠诸广岩体部位，是岩体内热液脉型铀矿化在中新生代盆地中的表现，含矿主岩有硅质角砾岩、粗粒长石石英砂岩、褪色蚀变砂砾岩等。成矿期热液活动明显，常见棕红色微晶石英、紫黑色萤石、黄铁矿、黄铜矿、方解石等，并伴以硅化、水云母化、绿泥石化，沥青铀矿呈细脉状、显微粒状集合体及浸染状。矿体呈似层状，缓倾角，形态简单，以中等品位（0.165%～0.184%）为主。该类型矿床为矿化受层位及构造双重控制的热液铀矿床（冯志军等，2011），如暖水塘、中村东、中村西矿床。

3. 铀热液活动与成矿作用特征

下庄矿田具有"五中心"（晚期花岗岩岩浆活动中心、中基性岩浆上涌中心、铀活化中心、晚期断裂构造活动中心、晚期热液活动中心）特征，多期次强烈的构造岩浆活动形成多次热液活动，产生强烈的热液蚀变和多次成矿作用（何德宝等，2016）。热液蚀变所形成的特定矿物组合（蚀变场）与铀矿化关系密切。下庄矿田经过三次富铀热液的分异演化而形成工业品位铀矿床，即定为三次富铀热液活动时期和成矿作用，三次富铀热液活动可归纳为早晚两期，早期的两次形成时间较接近，在130～120Ma，为早期成矿期，晚期相隔时间较长，在86～59.5Ma，属于晚期成矿期。

3.2　岩矿石标本的采集与物性测量

为研究下庄矿田岩矿石物性特征，在国家核能开发项目的支持和广东省核工业地质局293大队的配合下，我们分析了下庄矿田29个钻孔的岩心编录资料，采集了190个岩心标本，287个地面岩石标本，进行物性参数测试。

标本的加工与测试方法和相山铀矿田相同，测试完成后，按照岩石类型对测试数据进行划分和统计，统计参数主要有常见值、平均值、变化范围、标准偏差、变异系数、峰凸系数。绘制图件主要有单一物性参数的频率分布直方图、柱状分布图及两个不同物性的交汇图，用于分析物性数据的分布状态及两个物性参数之间的相关性。

3.3 岩矿石物性特征

3.3.1 密度特征

研究区主要地质单元密度特征见表 3-1、图 3-4 和图 3-5,可以得出以下结论。

1)除粗粒辉绿岩密度呈"双峰"特征以外,其他类型岩石的密度分布整体上均为单峰正态分布。

2)岩石密度从大到小顺序依次为粗粒辉绿岩、细粒辉绿岩、板岩、构造硅化带上岩石、中粒二云母花岗岩、中粒黑云母花岗岩、中细粒二云母花岗岩、中粒二云母花岗岩(含少量矿)、中粒二云母花岗岩(弱蚀变)、中细粒二云母花岗岩(含矿)、中粒二云母花岗岩(强蚀变)。

3)粗粒、细粒辉绿岩的密度差异较小;中粗粒、细粒花岗岩的密度几乎相同;硅化带上岩石和变质岩的平均密度相当,与花岗岩的密度差异较小,仅为 $0.01g/cm^3$ 左右。

4)辉绿岩的密度明显大于其他类型岩石的,与花岗围岩的密度差可达 $0.27g/cm^3$,是整个研究区主要密度异常体。

5)辉绿岩和硅化带上的岩石密度离散度较大,主要原因是辉绿岩赤铁矿化程度不一及岩石孔隙度大小不同,硅化带岩石主要受环境、构造期次、岩石成分等影响而密度变化较大。

6)蚀变可导致花岗岩密度降低 $0.02g/cm^3$,含矿花岗岩密度也会降低 $0.01g/cm^3$。

表 3-1 下庄矿田岩矿石密度统计表 (单位:g/cm^3)

岩性	平均值	常见值	最小值	最大值
粗粒辉绿岩	2.89	2.97	2.67	3.04
细粒辉绿岩	2.89	2.96	2.61	3.09
板岩	2.62	2.70	2.52	2.72
中粒二云母花岗岩(含少量矿)	2.60	2.61	2.59	2.60
中细粒二云母花岗岩(含矿)	2.59	2.58	2.54	2.62
中粒二云母花岗岩	2.62	2.62	2.58	2.79
中细粒二云母花岗岩	2.61	2.61	2.58	2.66
中粒二云母花岗岩(强蚀变)	2.58	2.60	2.50	2.66
中粒二云母花岗岩(弱蚀变)	2.59	2.60	2.53	2.69
构造硅化带上岩石	2.62	2.62	2.53	2.80
中粒黑云母花岗岩	2.61	2.63	2.57	2.64

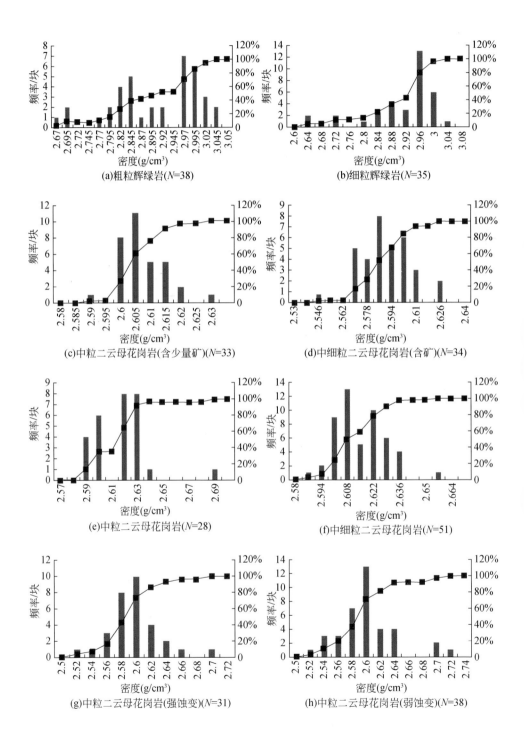

(a)粗粒辉绿岩(N=38)

(b)细粒辉绿岩(N=35)

(c)中粒二云母花岗岩(含少量矿)(N=33)

(d)中细粒二云母花岗岩(含矿)(N=34)

(e)中粒二云母花岗岩(N=28)

(f)中细粒二云母花岗岩(N=51)

(g)中粒二云母花岗岩(强蚀变)(N=31)

(h)中粒二云母花岗岩(弱蚀变)(N=38)

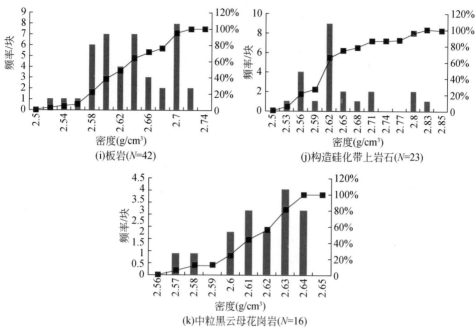

图 3-4　下庄矿田岩矿石的密度频率直方分布图

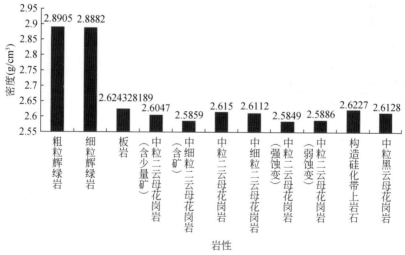

图 3-5　下庄（矿田）岩矿石密度柱状统计图

3.3.2　磁化率特征

下庄矿田主要岩矿石的磁化率统计见表 3-2、图 3-6 和图 3-7，可以得出以下结论。

1）各类岩矿石磁化率整体上成单峰分布，但每类岩石的磁化率变化范围均较大。

2）岩矿石磁化率从大到小依次为细粒辉绿岩、粗粒辉绿岩、板岩、中粒黑云母花岗岩、构造硅化带上岩石、中粒二云母花岗岩（弱蚀变）、中粒二云母花岗岩（强蚀变）、中细粒二云母花岗岩、中细粒二云母花岗岩（含矿）、中粒二云母花岗岩、中粒二云母花岗岩（含少量矿）。

3）辉绿岩的磁性最强，其磁化率至少是其他类型岩矿石磁化率的 10 倍之多，是上庄矿田磁异常的主要来源；花岗岩的磁化率主要与黑云母的含量有关，与岩矿石颗粒大小关系不明显；含矿或蚀变同样对花岗岩的磁化率影响不大；变质岩和构造硅化带上岩矿石的磁化率相当，均略高于花岗岩的。

表 3-2　下庄矿田岩矿石磁化率统计表　　　　　　（单位：10^{-3}）

岩性	平均值	常见值	最小值	最大值
粗粒辉绿岩	0.96	1.06	0.39	1.56
细粒辉绿岩	1.15	0.68	0.20	4.86
板岩	0.10	0.06	0.02	0.22
中粒二云母花岗岩（含少量矿）	0.02	0.02	0.01	0.66
中细粒二云母花岗岩（含矿）	0.02	0.02	0.01	0.06
中粒二云母花岗岩	0.02	0.02	0.01	0.05
中细粒二云母花岗岩	0.02	0.03	0.01	0.03
中粒二云母花岗岩（强蚀变）	0.03	0.03	0.01	0.05
中粒二云母花岗岩（弱蚀变）	0.06	0.06	0.02	0.13
构造硅化带上岩石	0.07	0.02	0.00	0.16
中粒黑云母花岗岩	0.09	0.04	0.03	0.21

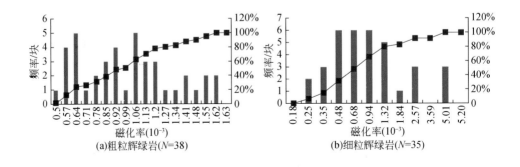

(a)粗粒辉绿岩(N=38)　　　　　　　(b)细粒辉绿岩(N=35)

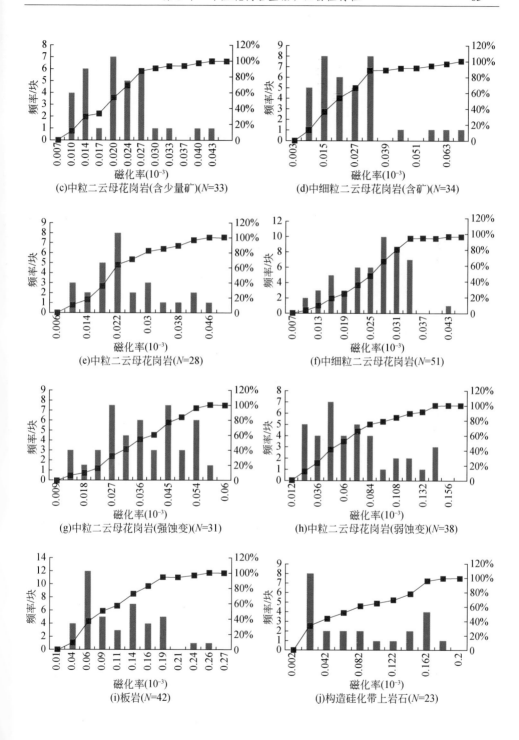

(c)中粒二云母花岗岩(含少量矿)(N=33)

(d)中细粒二云母花岗岩(含矿)(N=34)

(e)中粒二云母花岗岩(N=28)

(f)中细粒二云母花岗岩(N=51)

(g)中粒二云母花岗岩(强蚀变)(N=31)

(h)中粒二云母花岗岩(弱蚀变)(N=38)

(i)板岩(N=42)

(j)构造硅化带上岩石(N=23)

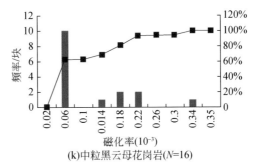

(k)中粒黑云母花岗岩(N=16)

图3-6　下庄矿田岩矿石的磁化率频率直方分布图

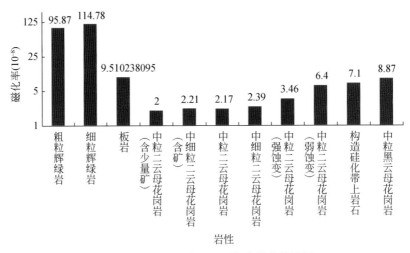

图3-7　下庄矿田岩矿石磁化率柱状统计图

3.3.3　电阻率特征

下庄矿田主要岩石的电阻率统计见表3-3、图3-8、图3-9，可以得出以下结论。

1）各类岩石电阻率对数频率分布基本上都呈现单峰特征，不过每类岩石的电阻率分布范围均较宽，同类岩石既有低阻也高阻。

2）各类岩石电阻率及1Hz振幅的大小顺序完全一致，从大到小依次为细粒辉绿岩、粗粒辉绿岩、中细粒二云母花岗岩、中粒二云母花岗岩、中粒二云母花岗岩（弱蚀变）、板岩、构造硅化带上岩石、中粒黑云母花岗岩、中粒二云母花岗岩（含少量矿）、中细粒二云母花岗岩（含矿）、中粒二云母花岗岩（强蚀变）。

3）辉绿岩的电阻率远高于其他岩矿石，细粒辉绿岩的电阻率相对于粗粒的要高一些；细粒花岗岩的电阻率也高于粗粒的，黑云母花岗岩电阻率则低于二云母花岗岩的；蚀变会导致花岗岩电阻率降低，且蚀变程度越强，花岗岩的电阻率越低；矿化同样会降低花岗岩的电阻率，但细粒含矿花岗岩的电阻率更低；构造硅化带上岩石电阻率明显低于花岗岩的；板岩的电阻率处于黑云母花岗岩和二云母花岗岩之间。

4）由于零频电阻率最高，随着频率的增大，电阻率减小，同种岩性，零频电阻率大于 1Hz 的振幅，但趋势一致。

表 3-3　下庄矿田岩矿石电阻率统计表　　　（单位：Ω·m）

岩性	平均值	常见值	最小值	最大值
粗粒辉绿岩	35166	10159	42	124705
细粒辉绿岩	95841	20624	131	371717
板岩	4071	3025	500	11465
中粒二云母花岗岩（含少量矿）	2120	1923	700	4500
中细粒二云母花岗岩（含矿）	844	691	159	1814
中粒二云母花岗岩	5490	5581	1120	10001
中细粒二云母花岗岩	7159	5953	929	20623
中粒二云母花岗岩（强蚀变）	756	611	195	2205
中粒二云母花岗岩（弱蚀变）	4140	2668	218	12747
构造硅化带上岩石	3159	484	43	10569
中粒黑云母花岗岩	3005	2439	1113	5946

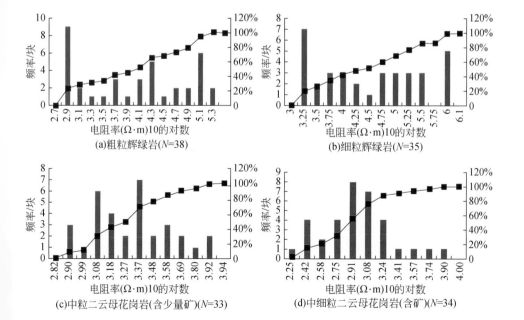

(a)粗粒辉绿岩(N=38)

(b)细粒辉绿岩(N=35)

(c)中粒二云母花岗岩(含少量矿)(N=33)

(d)中细粒二云母花岗岩(含矿)(N=34)

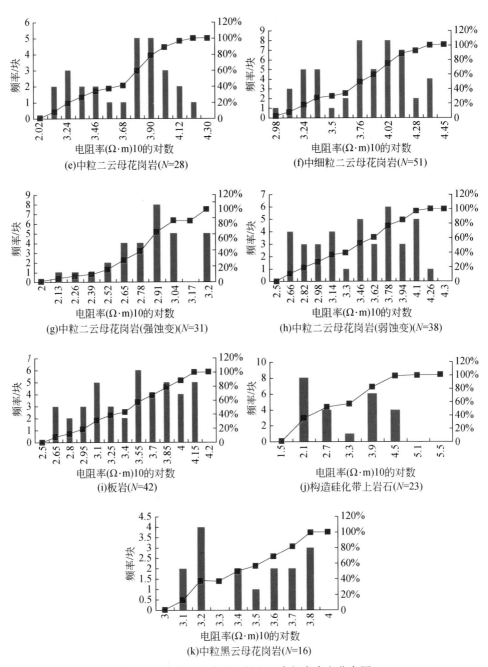

图 3-8　下庄矿田岩矿石的电阻率频率直方分布图

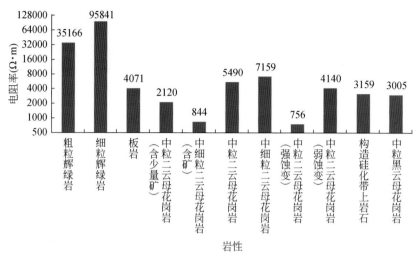

图 3-9　下庄矿田岩矿石电阻率柱状图

3.3.4　极化率特征

下庄矿田主要岩矿石的极化率统计结果见表 3-4 和图 3-10~图 3-12，可以得出以下结论。

1）各类岩矿石极化率基本上呈单峰正态分布特征，不过粗粒辉绿岩、细粒辉绿岩的极化率有双峰现象；含矿中粒二云母花岗岩的极化率分布范围较宽。

2）不同岩矿石极化率（相位）从大到小为细粒辉绿岩、粗粒辉绿岩、板岩、中粒二云母花岗岩（弱蚀变）、构造硅化带上岩石、中粒二云母花岗岩、中细粒二云母花岗岩、中粒黑云母花岗岩、中粒二云母花岗岩（强蚀变）、中细粒二云母花岗岩（含矿）、中粒二云母花岗岩（含少量矿）。

3）辉绿岩的极化率显著高于其他类型的岩矿石，细粒辉绿岩的极化率相对于粗粒偏大些；板岩的极化率也高于花岗岩，黑云母花岗岩的极化率要低于二云母花岗岩，粒度大小对花岗岩的极化率影响不大，但含矿和强蚀变会导致花岗岩的极化率明显降低。

表 3-4　下庄矿田岩矿石极化率统计表　　（单位：%）

岩性	平均值	常见值	最小值	最大值
粗粒辉绿岩	3.35	3.38	0.19	11.58
细粒辉绿岩	3.89	3.08	0.32	6.95
板岩	1.41	1.28	0.38	2.82
中粒二云母花岗岩（含少量矿）	0.28	0.25	0.07	9.09
中细粒二云母花岗岩（含矿）	0.29	0.28	0.06	0.71

岩性	平均值	常见值	最小值	最大值
中粒二云母花岗岩	0.54	0.53	0.18	0.93
中细粒二云母花岗岩	0.52	0.52	0.25	0.76
中粒二云母花岗岩（强蚀变）	0.31	0.27	0.13	0.57
中粒二云母花岗岩（弱蚀变）	0.56	0.5	0.31	0.89
构造硅化带上岩石	0.54	0.43	0.21	1.36
中粒黑云母花岗岩	0.39	0.33	0.21	0.7

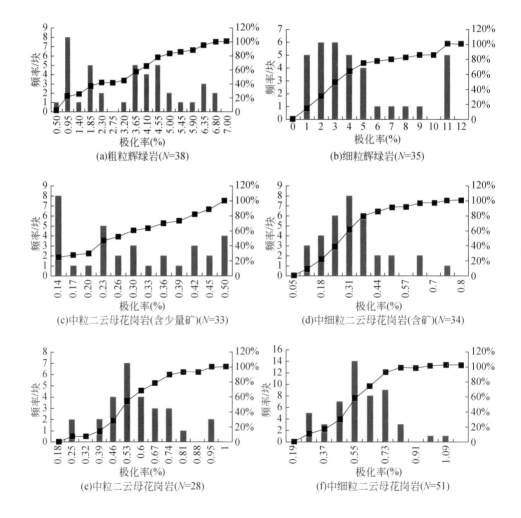

(a)粗粒辉绿岩(N=38)　　(b)细粒辉绿岩(N=35)

(c)中粒二云母花岗岩(含少量矿)(N=33)　　(d)中细粒二云母花岗岩(含矿)(N=34)

(e)中粒二云母花岗岩(N=28)　　(f)中细粒二云母花岗岩(N=51)

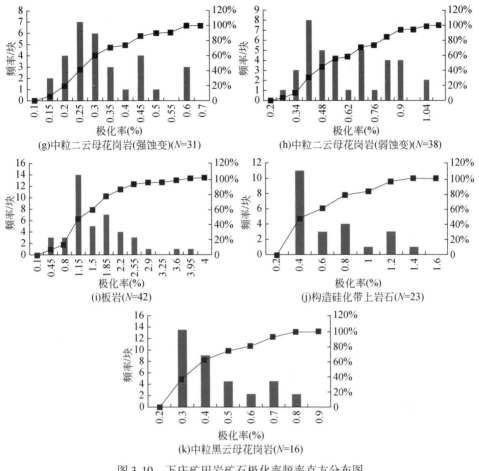

图 3-10　下庄矿田岩矿石极化率频率直方分布图

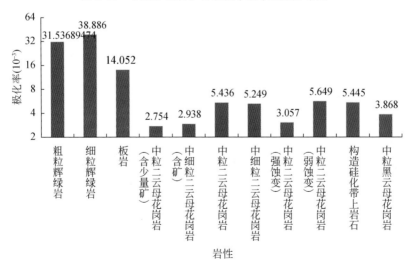

图 3-11　下庄矿田岩矿石极化率柱状图

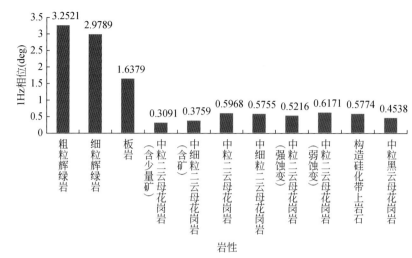

图 3-12 下庄矿田岩矿石 1Hz 相位柱状图

3.3.5 波速特征

下庄矿田主要岩矿石的波速统计结果见表 3-5、图 3-13 和图 3-14，可以看出岩矿石波速具有以下特征。

1）除粗粒辉绿岩和中粒二云母花岗岩（强蚀变）波速呈现多波峰特征以外，其他各类岩矿石波速基本上呈单峰正态分布。

2）下庄矿田岩矿石波速从大到小依次为细粒辉绿岩、中粒黑云母花岗岩、粗粒辉绿岩、中细粒黑云母花岗岩、中粒二云母花岗岩（弱蚀变）、中粒二云母花岗岩、中粒二云母花岗岩（强蚀变）、板岩、构造硅化带上岩石、中粒二云母花岗岩（含少量矿）、中细粒二云母花岗岩（含矿）。

3）辉绿岩的波速同样显著高于其他类型岩矿石的，细粒辉绿岩的波速相对粗粒的更高一些；黑云母花岗岩的波速高于二云母花岗岩的，细粒花岗岩的波速略高于中粒的，强蚀变及含矿会导致花岗岩波速有所降低；板岩和构造硅化带上岩石波速相当，均略低于花岗岩的。

表 3-5 下庄矿田岩矿石波速统计表 （单位：m/s）

岩性	平均值	中位数	最小值	最大值
粗粒辉绿岩	4100	4254	3278	4653
细粒辉绿岩	4294	4318	3507	4773
板岩	3422	3326	2759	4396
中粒二云母花岗岩（含少量矿）	3279	3385	2222	4065
中细粒二云母花岗岩（含矿）	3251	3184	2639	3878

续表

岩性	平均值	中位数	最小值	最大值
中粒二云母花岗岩	3756	3882	2900	4198
中细粒二云母花岗岩	3983	4000	3114	203126
中粒二云母花岗岩（强蚀变）	3515	3485	2701	4277
中粒二云母花岗岩（弱蚀变）	3921	3936	3007	4696
构造硅化带上岩石	3315	3400	2422	4073
中粒黑云母花岗岩	4155	4286	3027	4575

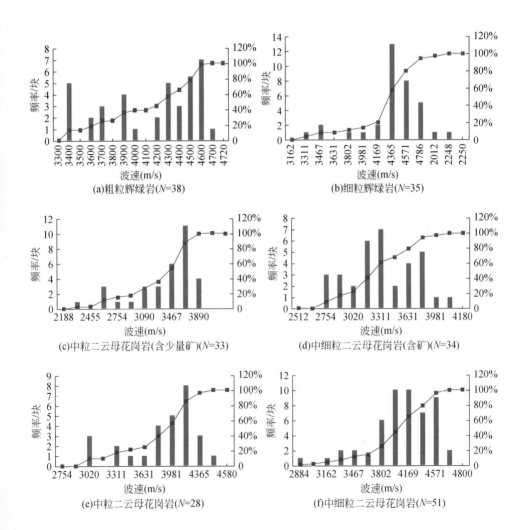

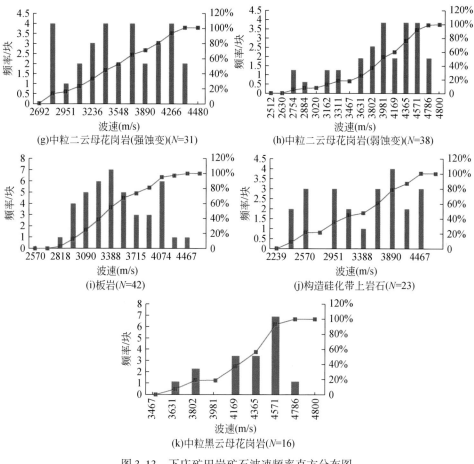

图 3-13　下庄矿田岩矿石波速频率直方分布图

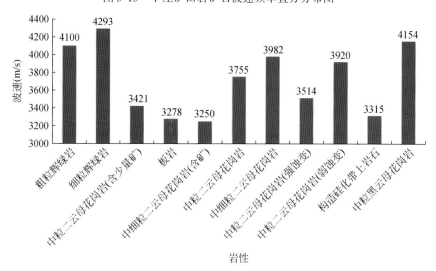

图 3-14　下庄矿田岩矿石波速柱状图

3.4 岩石物性参数交会分析

3.4.1 密度与磁化率

由下庄矿田主要岩石的密度与磁化率关系图（图3-15）可以得出以下结论。

1）虽然板岩和花岗岩的密度平均值相差不大，但板岩标本的密度大多高于花岗岩。

2）花岗岩、板岩、辉绿岩的磁化率和密度具有较好的相关性，利用密度和磁化率交会图可将交会区域划分成与三类岩石相关的 3 个区。

3）通过每个标本的磁化率转变成的磁化强度与密度的比值得到的三类岩石的重磁泊松比曲线均呈现出线性变化特征，且三类岩石的泊松比曲线拟合直线的斜率相差很大，其中辉绿岩的泊松比最大。这表明该研究区的重、磁具有很强的同源性，且不同源之间存在明显差异，这为该区开展重磁之间的约束反演提供了依据。

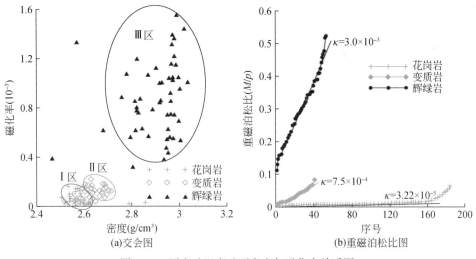

图 3-15 下庄矿田岩矿石密度与磁化率关系图

3.4.2 密度与电阻率

图 3-16 是下庄矿田岩石标本电阻率与密度的交会图，可以得出以下结论。

1）花岗岩和变质岩的电阻率和密度交汇图区分岩石的效果不理想，仅能依靠密度差异略微区分两类岩石。

2）大量辉绿岩标本的电阻率和花岗岩、变质岩相当，同样仅依靠密度差异才能区分辉绿岩与其他岩石。

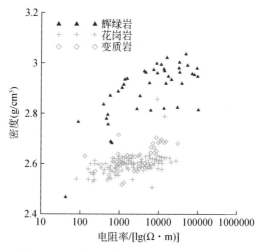

图 3-16　下庄矿田岩石电阻率与密度交会图

3. 4. 3　密度与波速

图 3-17 是下庄矿田岩石标本的密度与波速交会图，从图中可以看出，花岗岩与变质岩在密度与波速交会图中基本上重叠在一起，很难通过密度和波速进行区分；花岗岩、变质岩及辉绿岩的波速变化范围基本一致，只是辉绿岩有更多的标本出现在高波速区。因此，理论上重、震结合可以较好地识别出辉绿岩，但难以识别出花岗岩和变质岩的岩性接触带。

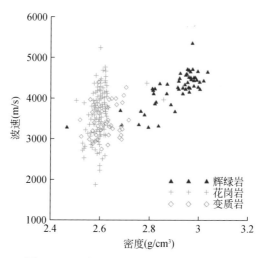

图 3-17　下庄矿田岩石密度与波速交会图

3.4.4　磁化率与电阻率

图 3-18 是下庄矿田岩石电阻率取对数与磁化率的交会图，交会图具有明显的 3 个交会区，分别对应花岗岩、变质岩和辉绿岩。

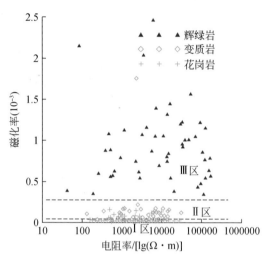

图 3-18　下庄矿田岩石磁化率与电阻率交会图

3.4.5　磁化率与波速

图 3-19 是下庄矿田岩石波速与磁化率的交会图，从图中可以看出，可以较为明显地将交会区域划分成 3 个区，分别对应花岗岩、变质岩及辉绿岩，不过花岗岩和变质岩主要是靠磁性差异划分的，而辉绿岩则具有高磁化率、高波速特征。

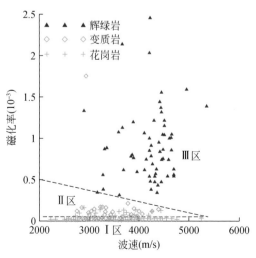

图 3-19　下庄矿田岩石波速与磁化率交会图

3.4.6　电阻率与波速

图3-20 是下庄矿田岩石电阻率对数与波速交会图，从图中可以看出，花岗岩、变质岩及辉绿岩在交会图上相互重叠，难以利用其区分出不同类型的岩石。

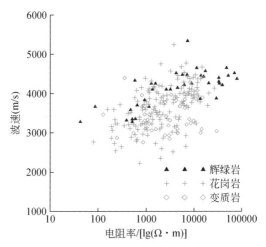

图 3-20　下庄矿岩石波速与磁化率交会图

3.5　岩石物性特征总结

通过对下庄矿田岩矿石物性参数进行测试与分析，可以得出下庄矿田主要地质单元的物性特征。

1）辉绿岩具有高密度、高磁化率、高电阻率、高极化和高波速的物性特征，且与花岗岩和变质岩的物性特征差异较为明显，但辉绿岩的电阻率离散度较高。

2）变质岩相对于花岗岩密度略高，磁性略强，但两者标本的波速和电阻率混叠现象较为严重。

3）中细粒花岗岩的电阻率要高于中粗粒花岗岩的，二云母花岗岩的电阻率、极化率要高于黑云母花岗岩的，但波速小于黑云母花岗岩的。

4）蚀变和矿化会使得花岗岩的电阻率、密度、极化率及波速均降低，但磁化率变化甚微。

5）相对于花岗岩来说，构造硅化带上岩石的磁化率偏高，电阻率和波速偏低，但密度与极化率没有太大差异。

6）下庄矿田岩石密度和磁化率的相关性很强，两者的交会图可将交会区域划分成与辉绿岩、变质岩和花岗岩相对应的 3 个区，将三类岩石的重磁泊松比曲线拟合得到的直线斜率也存在明显差异，这为重磁联合反演、约束解释提供了依据。

第4章 陕西商丹伟晶花岗岩型铀矿床物性特征

陕西省商州–丹凤–商南地区（简称商丹）的伟晶花岗岩型铀矿是我国在20世纪80年代发现的新类型铀矿。通过核工业地勘单位多年的勘查，已发现了数个铀矿床、铀矿（化）点，形成了陈家庄–光石沟伟晶花岗岩型铀矿集中区（王菊婵等，2008a）。根据罗忠戌等的研究，陕西省丹凤地区是陕西省目前铀矿床、矿点、矿化点、异常点分布密度最高的地区，也是我国西北部重要的硬岩型铀矿成矿远景区（罗忠戌等，2008）。2012年商丹地区被列为国家级铀矿整装勘查区之一，但该区前人开展的非放射性地球物理勘查工作程序非常低，为解决整装勘查区地球物理特征及物性资料稀缺的问题，在中陕核工业集团公司的支持下，在商丹地区开展岩矿石物性特征研究，虽然该区不同地段的地质单元均为花岗岩、片麻岩和伟晶花岗岩三类，但是不同地段的地质单元物性特征不尽相同，所以对光石沟、小花岔、纸房沟3个铀矿区的三类岩石分别进行统计分析，以期对该区地球物理方法设计和后期地球物理资料解释提供依据和参考。

4.1 陕西商丹伟晶花岗岩型铀矿床概况

陕西商丹伟晶花岗岩型铀矿床（简称商丹研究区）位于陕西省商州区、丹凤县、商南县境内，行政区划都隶属于商洛市，面积为1658km^2（图4-1）。

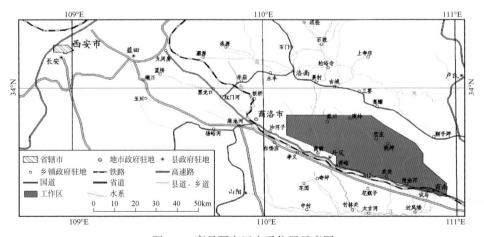

图4-1 商丹研究区交通位置示意图

区域构造处于秦岭造山系东部，位于铀成矿有利区带，处于秦岭–大别山铀成矿省北秦岭铀成矿带东段。铀矿整装勘查区南北横跨北秦岭中-晚元古代活动陆缘弧和商-丹早古生代蛇绿混杂带。南临南秦岭刘岭晚古生代前陆盆地，北接二郎坪早古生代弧后盆地，是寻找铀矿的有利地区。区内主要有伟晶花岗岩型铀矿与热液型铀矿两种铀矿床类型。

区域地层由古元古界秦岭群、下古生界丹凤群和下古生界云架山群组成，其中秦岭群是该区的主体。商-丹地区铀矿整装勘查区位于秦岭东段腹地，属于中低山区，地势北高南低，最高海拔为2057.9m（商南县清油河镇小花岔地区玉皇尖），最低海拔为620m（丹凤县城），一般海拔为800~1800m。相对高差大，沟深坡陡，地形复杂，河谷多呈"V"字形，第四系残坡积物覆盖面积较大，属于凉亚热带半湿润山地气候，四季分明，雨量充沛。年平均气温为13.7℃，最高气温为40.3℃，最低气温为-12℃。年平均降水量为735mm，主要集中在7月、8月、9月，夏季多暴雨、秋季多连阴雨。水系属于长江流域汉江水系，丹江是区内干流，主要支流有资峪河、武关河、清油河和商南县河等，从北向南汇入丹江。

区内交通较为便利。交通干线西（安）—南（京）铁路、312国道和沪—陕高速从铀矿整装勘查区南部通过，支线公路有丹凤—庚家河、丹凤—峦庄、武关—赵川、清油河—腰庄、试马—上仓房（光石沟铀矿床）。从西至东、由南往北构成了主干线与支线交通网。光石沟铀矿床距离312国道10km、距离西安市230km。220V农电已通至铀矿整装勘查区各居民点，电力资源充足。固定电话已实现村村通，大部分地区无线通信网络已覆盖，通信方便。

1. 地层

区域地层由古元古界秦岭群、下古生界丹凤群和下古生界云架山群组成，其中古元古界秦岭群是该区的主体。

（1）古元古界秦岭群

古元古界秦岭群在区内仅出露图4-2中2、3、4岩性段，岩性主要为片麻岩、大理岩、石英片岩等，岩石混合岩化、花岗岩化作用强烈。经研究，秦岭群的原岩为泥质-细碎屑岩建造。古元古界秦岭群虽然变质较深，但仍能看出变质原岩的一些基本特征，不少岩石具有变余层理、交错层理、斜层理；原岩既有火山碎屑岩沉积特征，又有正常碎屑岩和碳酸盐岩沉积特征。岩石中锆石具有沉积、变质和岩浆等多种成因特征。古元古界秦岭群中有大规模加里东期花岗岩侵入，其内外接触带有大量伟晶花岗岩密集区分布，与铀成矿关系密切。秦岭群第三岩性段为商-丹地区主体地层，是伟晶花岗岩型铀矿的铀源层。

（2）下古生界丹凤群

下古生界丹凤群沿商丹断裂带分布，长数百千米，分布范围仅限于分水岭断裂以南。主要由斜长角闪岩、绿片岩组成，原岩为中基性、基性火山岩夹碳酸盐岩、泥砂质岩，经变质而成，具有蛇绿岩套特征。变质程度为低绿片岩相，其中石英片岩为赋铀层位。

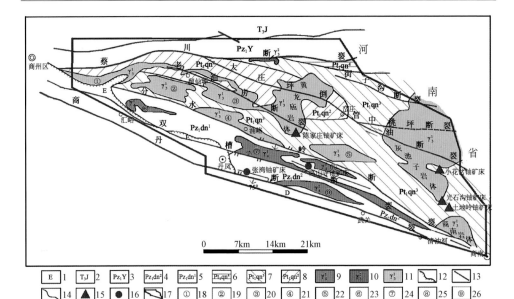

图 4-2　陕西商丹地区地质简图（据中陕核工业集团公司 224 大队）

1. 古近系；2. 三迭系－侏罗系；3. 下古生界云架山群；4. 下古生界丹凤群第二岩性段；5. 下古生界丹凤群第一岩性段；6. 下元古界秦岭群第四岩性段；7. 下元古界秦岭群第三岩性段；8. 下元古界秦岭群第二岩性段；9. 海西期花岗岩；10. 加里东期第二阶段花岗岩；11. 加里东期第一阶段花岗岩；12. 不整合界线；13. 断裂构造；14. 地质界线；15. 伟晶花岗岩型铀矿床；16. 构造热液型铀矿床；17. 整装勘查区范围；18. 户家庄岩体；19. 许庄岩体；20. 蔡凹岩体；21. 枣园岩体；22. 骡子坪岩体；23. 刘家台岩体；24. 宽坪岩体；25. 高山寺岩体；26. 铁峪铺

（3）下古生界云架山群

下古生界云架山群主要由大理岩、云母石英片岩组成。原岩是含火山物质的碎屑岩、大理岩及中基性火山岩，变质程度为低绿片岩相－低角闪岩相，局部达低角闪岩相。

2. 构造

（1）区域褶皱

古元古界秦岭群中主要褶皱构造为留仙坪－碾子坪－峦庄地背斜，南翼完整、北翼被金陵寺－蔡川断裂断失。背斜轴大致近东西向展布，核部为秦岭群第二岩性段，南翼为秦岭群第三岩性段。该地背斜控制着加里东期花岗岩岩体的分布，灰池子岩体、黄龙庙岩体等大的花岗岩基沿其轴部分布。片麻岩穹隆构造主要分布在背斜南翼，北西向展布，有骡子坪穹隆构造、武关河花棠坪短轴背斜构造和牛家台短轴背斜，是区内伟晶花岗岩型铀矿的控岩构造（高成等，2017）。

（2）断裂

区内断裂由南向北分别发育商丹、双槽、分水岭、蔡川 4 条深大断裂，其中商丹断裂和蔡川断裂为Ⅱ、Ⅲ级构造单元的分界线；分水岭断裂和双槽断裂是地层的分界线。秦岭群中较有规模的街子沟断裂、大庄坪-倒管油断裂、中桃坪湘水沟断裂、老油坊断裂总体呈北西西-南东东向，规模较大，主要形成于早古生代，燕山期叠加，以平移走滑高角度斜冲性质为主（王菊婵等，2015）。

1）商丹断裂：陕西省内长400余千米，平面上呈舒缓波状，多数向南陡倾，个别地方倾向北，断裂带宽500~1000m，是南北秦岭构造带分界线。发生于早古生代，主要活动期为印支—燕山期，中新生代表现为先右后左的水平走滑运动，产生多期糜棱岩化，控制了丹凤三角地带地壳的发展、演化和矿产的分布。

2）蔡川断裂：由若干条断裂组成的断裂带，陕西省内长约80km，北倾，倾角为26°~45°，是秦岭群的北部边界线。该断裂形成于早古生代，燕山期再度活动，形成自北而南的逆冲叠瓦构造。

3）分水岭断裂：为秦岭群与丹凤群的分界断裂。断裂发生在中深层次，沿断裂带多有长英质眼球状糜棱片麻岩、变晶糜棱岩、千糜岩等呈残存状断续分布，并有多个超基性小岩体和大量伟晶花岗岩脉侵入，主要形成于新元古代。往东在商南县试马镇与双槽断裂一起合并于商丹断裂带。

4）双槽断裂：是由北而南的逆冲韧性剪切带，倾角较陡，往深部变缓，形成强糜棱岩化花岗岩（宽坪岩体），断裂带主要形成于海西—印支期，其两侧分布大量构造热液型铀矿化点。向东在商南地区与商丹大断裂合并。

5）环形、弧形构造是航磁推断出的构造，有的是不同方向线性构造的复合，主要由岩浆上涌，在花岗岩弯窿边缘形成磁异常。已查明的陈家庄和光石沟两个伟晶花岗岩型铀矿床都处在环形构造边缘。

3. 岩浆岩

受加里东期扬子板块向华北板块的俯冲-碰撞造山作用，区内中酸-酸性侵入活动最为剧烈，演化时限跨度较大，区内花岗岩体和伟晶花岗岩脉群广泛分布，形成了铀从花岗岩岩体→伟晶花岗岩脉→铀富集成矿的演化序列。

（1）花岗岩岩体

区内分水岭断裂以北分布着10个加里东期花岗岩岩体和数以千计的伟晶花岗岩脉。10个花岗岩体分别是户家庄、许庄、蔡川、枣园、黄龙庙、黄柏岔、骡子坪、灰池子、小龙庄和商南岩体，这些岩体多以不规则弯窿状产出，岩体长轴方向与区域构造线方向一致，伟晶花岗岩型铀矿床产于岩体内外接触带中。

以灰池子、黄龙庙岩体为代表的壳幔混源深成相花岗岩岩体，岩性主要为片麻状黑云母二长花岗岩，多侵位于秦岭群地背斜轴部和片麻岩穹窿部位，为含铀黑云母伟晶花岗岩提供了铀源（冯张生等，2013）。

（2）伟晶花岗岩密集区

区内发育的4片黑云母伟晶花岗岩脉密集区为铀矿化主岩，该类黑云母伟晶花岗岩脉主要分布在加里东期花岗岩体的内外接触带，岩脉相互平行，密集成群出现，呈带状展布，走向为北西-南东，与区域构造线方位基本一致，长度为

30 ~ 500m，最长可达 3 ~ 4km，最宽 60m。规模较大者铀成矿规模也较大、控制
的矿体数量也较多，已查明的光石沟铀矿床和小花岔铀矿床的主要赋矿脉体规模
均较大（王菊婵等，2018b；陈佑纬等，2015）。岩脉围绕岩体呈环带分布，与岩
体距离的远近直接影响着伟晶花岗岩脉的数量和产铀能力，离岩体越近，岩脉的
数量越多，产铀能力越强。

4.2　岩矿石标本物性测量

为研究陕西省商丹地区伟晶花岗岩型铀矿床典型岩矿石的物性特征，在光石
沟、小花岔和纸房沟 3 个铀矿床采集了 472 个岩矿石标本进行物性测定。由于野
外采集的岩矿石标本（尤其是地面标本）形状不规则，在进行物性测定前，利
用自带的岩心切割机按照《岩矿石物性调查规程》对标本进行了加工处理，加
工后的标本主要包括圆柱体和长方体两种规则形体。之后对每个标本的密度、磁
化率、电阻率和极化率 4 个参数进行测量。测量仪器和方法与第 2 章相山铀矿田
一致。

光石沟、小花岔和纸房沟 3 个铀矿床之间岩石的物性差异较大，因此按矿床
分别对测量数据进行统计，统计参数主要有常见值、平均值、变化范围、标准偏
差、变异系数、峰凸系数。

4.3　岩矿石物性特征

4.3.1　光石沟铀矿床

对光石沟铀矿床的大毛沟岩体、片麻岩和伟晶花岗岩的物性进行了统计分
析，结果如图 4-3 ~ 图 4-5 所示，从图中可以得出以下结论。

1）大毛沟岩体、片麻岩和伟晶花岗岩的常见密度值分别为 2.60 g/cm³、
2.75 g/cm³ 和 2.63 g/cm³，平均密度值分别为 2.59 g/cm³、2.82 g/cm³ 和 2.65 g/cm³，
伟晶花岗岩与片麻岩存在着 −0.23 g/cm³ 的明显密度差，这表明利用重力勘探方法
可以较好地识别出片麻岩和伟晶花岗岩的接触带。虽然伟晶花岗岩与片麻岩同样
存在明显的密度差，但伟晶花岗岩规模较小。

2）大毛沟岩体、片麻岩和伟晶花岗岩的常见磁化率值分别为 $7.96 \times 4\pi \times$
10^{-6}、$14.32 \times 4\pi \times 10^{-6}$ 和 $1.11 \times 4\pi \times 10^{-6}$，平均磁化率为 $144 \times 4\pi \times 10^{-6}$、$44.56 \times 4\pi \times$
10^{-6} 和 $8.75 \times 4\pi \times 10^{-6}$，虽然花岗岩常见磁化率仅为 $7.96 \times 4\pi \times 10^{-6}$，但也有一定
数量标本的磁化率大于 $79.6 \times 4\pi \times 10^{-6}$，这表明大毛沟岩体因物质成分不同而具
有两种磁性特征（一种高磁性、一种低磁性，图 4-6），标本磁化率数据统计分
布也呈现出"双峰"特征。在野外复查过程中发现，西南侧的大毛沟岩体的黑

云母含量较高，磁性较强，而东南侧岩石则钾长石含量较高，磁性较弱，因此需要将大毛沟岩体的磁化率特征分成两部分统计，西南侧的黑云母花岗岩平均磁化率高达 $378 \times 4\pi \times 10^{-6}$，与相邻的片麻岩有着明显的磁性差异，所以可以利用磁法勘探识别出两种岩石。

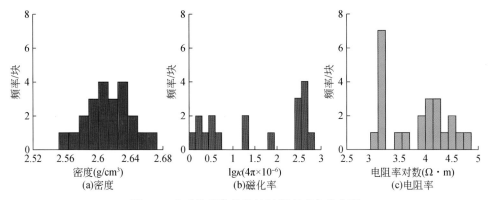

图 4-3　大毛沟岩体物性统计频率直方分布图

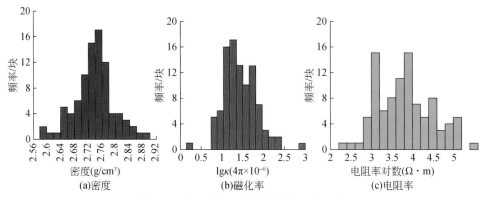

图 4-4　片麻岩物性统计频率直方分布图

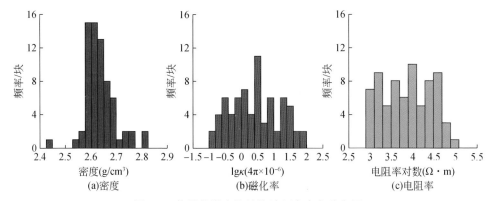

图 4-5　伟晶花岗岩物性统计频率直方分布图

(a)以钾长石为主的花岗岩（低磁性）　　　(b)以黑云母为主的花岗岩（高磁性）

图 4-6　大毛沟岩体照片

3）大毛沟岩体、片麻岩及伟晶花岗岩的电阻率常见值均为 1500Ω·m，平均值分别为 14868Ω·m、21030Ω·m 及 16293Ω·m，电性差异非常小，表明利用电法勘探很难区分它们。

4.3.2　小花岔铀矿床

图 4-7 ~ 图 4-9 是小花岔铀矿床区岩石物性的统计结果，从图中可以得出以下结论。

1）灰池子岩体、片麻岩和伟晶花岗岩的密度常见值分别为 2.66 g/cm³、2.75 g/cm³ 和 2.63 g/cm³，平均值分别为 2.65 g/cm³、2.75 g/cm³ 和 2.65 g/cm³。

2）灰池子岩体磁化率分布同样为"双峰"特征，即无（弱）磁性和强磁性两种，无（弱）磁性的灰池子岩体磁化率平均值仅为 $1.59 \times 4\pi \times 10^{-6}$，而强磁性的灰池子岩体磁化率平均值高达 $301 \times 4\pi \times 10^{-6}$，片麻岩和伟晶花岗岩的磁化率常见值分别为 $11.9 \times 4\pi \times 10^{-6}$ 和 $0.9 \times 4\pi \times 10^{-6}$，平均值分别为 $11.1 \times 4\pi \times 10^{-6}$ 和 $9.6 \times 4\pi \times 10^{-6}$。

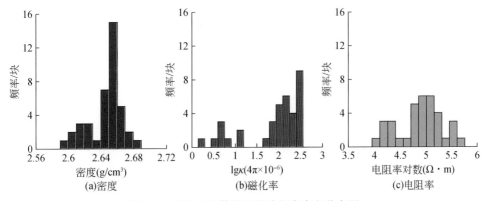

图 4-7　灰池子岩体物性统计频率直方分布图

3）灰池子岩体、片麻岩和伟晶花岗岩的电阻率常见值分别为 15000Ω · m、5000Ω · m 及 5000Ω · m，平均值分别为 115766Ω · m、33978Ω · m、65684Ω · m，这说明灰池子岩体与片麻岩之间存在着较明显的电性差异。

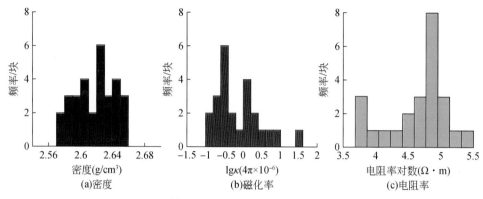

图 4-8　伟晶花岗岩物性统计频率直方分布图

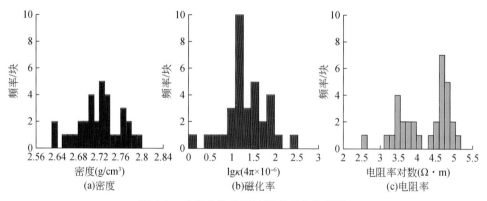

图 4-9　片麻岩物性统计频率直方分布图

4.3.3　纸房沟铀矿床

纸房沟铀矿床主要分布着花岗岩（中、粗粒）、伟晶花岗岩及片麻岩三类岩石，其岩石物性统计见图 4-10 ~ 图 4.12，由图可以得出以下结论。

1）花岗岩、片麻岩和伟晶花岗的密度常见值分别为 2.62 g/cm³、2.7 g/cm³ 和 2.65 g/cm³，平均值分别为 2.64 g/cm³、2.83 g/cm³ 和 2.68 g/cm³，花岗岩与片麻岩存在着 -0.19 g/cm³ 的明显密度差。

2）花岗岩、片麻岩和伟晶花岗岩的磁化率常见值分别为 1.59×4π×10⁻⁶、15.9×4π×10⁻⁶ 和 4.0×4π×10⁻⁶，平均值分别为 6.4×4π×10⁻⁶、27.1×4π×10⁻⁶ 和 7.2×4π×10⁻⁶，花岗岩与片麻岩具有不明显的磁性差异。

3）花岗岩、片麻岩和伟晶花岗岩的电阻率常见值分别为 24000Ω·m、500（5500）Ω·m 及 2500（6500）Ω·m，平均值分别为 25065Ω·m、18023Ω·m 及 37888Ω·m，伟晶花岗岩与片麻岩之间存在着较为明显的电性差异。

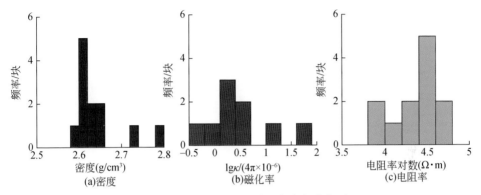

图 4-10 花岗岩物性统计频率直方分布图

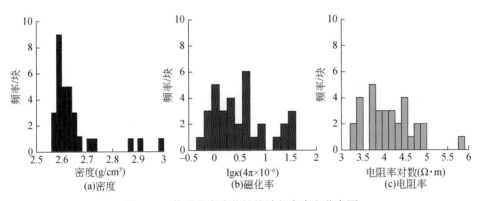

图 4-11 伟晶花岗岩物性统计频率直方分布图

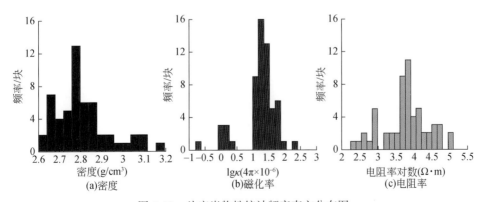

图 4-12 片麻岩物性统计频率直方分布图

4.4　商丹地区岩矿石物性特征

为了综合了解商丹铀矿整装勘查区主要岩矿石的物性特征，对 3 个铀矿床的标本特征测量数据进行了汇总（表 4-1），从表中可以看出：光石沟、小花岔及纸房沟 3 个矿床的花岗岩与片麻岩均存在着明显密度差。光石沟及小花岔两个铀矿区的花岗岩磁化率具有"双峰"特征，两种磁性的磁化率差异性较大，低（无）磁性的花岗岩磁化率基本为零，而高磁性花岗岩的磁化率可高达 $318 \times 4\pi \times 10^{-6}$ SI。纸房沟的花岗岩表现为低（无）磁性，与弱磁性的片麻岩磁性差异不太明显。光石沟三种主要岩石的电阻率差异不明显，而小花岔、纸房沟的花岗岩电阻率明显高于片麻岩。

表 4-1　商丹铀矿整装勘查区岩石物性统计表

岩性		密度（g/cm³）		磁化率（4π×10⁻⁶）		电阻率（Ω·m）		采样地区
		常见值	平均值	常见值	平均值	常见值	平均值	
片麻岩		2.75	2.82	14.3	44.6	1500	21030	光石沟
中粗粒花岗岩（大毛沟岩体）	钾长石为主	2.63	2.59	4.8	0.06	1500	14868	
	黑云母为主			363.7	4.57			
伟晶花岗岩脉		2.65	2.65	2.4	9.5	1500	16923	
片麻状花岗岩（灰池子岩体）	钾长石为主	2.66	2.65	1.6	0.02	15000	115766	小花岔
	黑云母为主	2.75	2.75	301.6	3.79			
片麻岩				11.9	11.1	5000	33978	
伟晶花岗岩		2.63	2.65	0.8	9.5	5000	65684	
花岗岩		2.62	2.64	1.6	6.4	24000	25065	纸房沟
片麻岩		2.7	2.83	15.9	27.1	500	18023	
伟晶花岗岩		2.65	2.68	4.0	7.2	2500	37888	

附录一 岩矿石物性标本采集及测量记录表

A）岩矿石物性标本采样记录表

工区：_____ 日期：_____ 天气：_____ 采样者：_____ 记录者：_____

序号	样品编号	坐标			地层单元	岩性	风化程度	蚀变情况	地质描述	钻孔标本		备注
		X	Y	高程						编号	深度	

B）岩矿石标本密度测量记录表

工区：_____ 仪器名称：_____ 仪器编号：_____ 日期：_____ 天气：___ 测定者：_____

记录者：_____ 核算者：_____

序号	样品编号	干重 m_1（g）	湿重 m_2（g）	水温（℃）	Δm（g）	ΔV（cm³）	密度（g/cm³）	备注

C）岩矿石标本磁化率测量记录表

工区：_____　仪器名称：_____　仪器编号：_____　日期：_____　天气：___　测定者：_____

记录者：_____　核算者：_____

序号	样品编号	上–1	上–2	上–3	下–1	下–2	下–3	侧–1	侧–2	侧–3	均值	备注

第 页 共 页

D）岩矿石标本磁性参数测量记录表

高斯第　　　　位置

工区：_____　测定地点：_____　仪器名称：_____　仪器编号：_____　日期：_____　天气：_____

$T_0 = $ _____　测定者：_____　记录者：_____　核算者：_____

序号	样品编号	r	V	n_0	n_1	n_2	n_3	n_4	n_5	n_6	n'_0	κ	I_r	φ	θ	备注

第 页 共 页

E) 岩矿石标本电性参数测量记录表

工区：_____ 仪器名称：_____ 仪器编号：_____ 日期：_____ 天气：___ 测定者：_____

记录者：_____ 核算者：_____

序号	样品编号	长度（cm）	面积（cm^2）	电压（mV）	电流（mA）	电阻率（Ω·m）	M_1（%）	M_2（%）	M_3（%）	M_4（%）	备注

第 页 共 页

F) 岩矿石标本波速参数测量记录表

工区：_____ 仪器名称：_____ 仪器编号：_____ 日期：_____ 天气：___ 测定者：_____

记录者：_____ 核算者：_____

序号	样品编号	长度（cm）	声时 1（ms）	声时 2（ms）	平均声时（ms）	波速（m/s）	备注

第 页 共 页

附录二 江西相山铀矿田岩石标本物性测量数据

A) 钻孔岩心标本物性测量数据表

序号	编号	密度 （g/cm³）	磁化率 （4π×10⁻⁶）	波速 （km/s）	电阻率 （Ω·m）	极化率 （%）	岩性
1	zk01001	2.63	347.9	5.2	10439.4	1.34	
2	zk01002	2.63	328.6	5.1	13948.4	1.46	
3	zk01003	2.62	290.1	5.53	7835.5	1.61	
4	zk01004	2.63	210.4	5.33	19453.7	1.3	
5	zk01005	2.63	266.8	5.2	16166.3	1.15	
6	zk01006	2.61	280.5	4.63	14844.1	1.26	
7	zk01007	2.63	279.1	4.63	13558.8	1.33	
8	zk01008	2.63	364.4	4.67	16053.6	1.15	
9	zk01009	2.64	346.5	4.71	12728.3	1.34	
10	zk01010	2.63	317.6	5.29	19622.9	1.24	
11	zk01011	2.63	314.9	5.19	23332	1.14	
12	zk01012	2.63	298.4	5.16	32536.1	0.85	
13	zk01013	2.63	247.5	4.86	22717.4	1.06	碎斑 熔岩
14	zk01014	2.64	220	4.77	32738.3		
15	zk01015	2.64	254.4	5.19	23879.7	1.19	
16	zk01016	2.63	275	5.28	33476.2	0.95	
17	zk01017	2.64	331.4	5.24	29242.5	0.96	
18	zk01018	2.64	264	5.08	1918205	1.11	
19	zk01019	2.64	290.1	4.75	28592.8	1.01	
20	zk01020	2.64	133.4	4.83	16365.8	1.15	
21	zk01021	2.62	171.9	5.06	2464	1.31	
22	zk01022	2.64	185.6	5.24	7174.4	1.1	
23	zk01023	2.63	361.6	5.09	33385.2	1.02	
24	zk01024	2.63	275	5.25	223138.2	0.54	
25	zk01025	2.57	77	5.1	3134.2	3.32	
26	zk01026	2.64	363	4.82	21534.4	1.02	
27	zk01027	2.63	386.4	5.24	42332.2	0.84	

续表

序号	编号	密度 （g/cm³）	磁化率 （4π×10⁻⁶）	波速 （km/s）	电阻率 （Ω·m）	极化率 （%）	岩性
28	zk01028	2.64	354.8	5.7	142262	0.66	
29	zk01029	2.64	422.1	5.11	68109.1	0.74	
30	zk01030	2.61	284.6	4.99	592.9	1.08	
31	zk01031	2.64	309.4	4.88	22573.8	0.94	
32	zk01032	2.64	378.1	4.76	30574.9	0.99	
33	zk01033	2.64	346.5	5.02	34974.3	0.9	
34	zk01034	2.64	356.1	4.52	16050.3	1.04	
35	zk01035	2.64	358.9	4.77	9336748	0.62	
36	zk01036	2.64	324.5	5.12	99331.5	0.62	
37	zk01037	2.64	258.5	5.38	38779	1.09	
38	zk01038	2.23	225.5	5.56	25599	1.06	
39	zk01039	2.64	288.8	5.06	164751.4	0.61	
40	zk01040	2.65	310.8	5.19	272754.4	0.51	
41	zk01041	2.64	259.9	5.02	104605.8	0.71	
42	zk01042	2.64	305.3	5.65	30347.1	0.72	
43	zk01043	2.63	292.9	5.02	76489.7	0.95	碎斑 熔岩
44	zk01044	2.64	423.5	4.9	32189.8	1.05	
45	zk01045	2.64	430.4	5.03	19981	1.1	
46	zk01046	2.64	429	4.92	30798.1	0.93	
47	zk01047	2.64	427.6	5.08	25599.8	1.16	
48	zk01048	2.64	456.5	5.02	17962.6	1.15	
49	zk01049	2.68	412.5	4.67	42500.2	1.04	
50	zk01050	2.63	470.3	4.87	66360.4	0.81	
51	zk01051	2.63	380.9	5.17	41416.4	0.85	
52	zk01052	2.63	455.1	4.98	100422.7	0.68	
53	zk01053	2.64	462	5.33	3243.7	1.43	
54	zk01054	2.64	167.8	4.67	17199.1	1.41	
55	zk01055	2.64	239.3	5.24	37881.9	0.98	
56	zk01056	2.64	130.6	5.17	16272.9	1.09	
57	zk01057	2.63	210.4	5.01	9639.5	1.12	
58	zk01058	2.63	327.3	5.07	14348.8	1.18	
59	zk01059	2.62	214.5	4.51	77868.6	0.75	

续表

序号	编号	密度 （g/cm³）	磁化率 （4π×10⁻⁶）	波速 （km/s）	电阻率 （Ω·m）	极化率 （%）	岩性
60	zk01060	2.63	226.9	5.13	84161.4	0.69	
61	zk01061	2.64	156.8	6.43	6101	2.04	
62	zk01062	2.64	305.3	4.96	83579	0.66	
63	zk01063	2.62	243.4	5.2	38249.8	0.95	
64	zk01064	2.63	259.9	4.88	22859.2	1.07	
65	zk01065	2.62	211.8	5.38	117488.1	0.65	
66	zk01066	2.64	192.5	5.29	73923.2	0.77	
67	zk01067	2.63	248.9	5.47	136455.4	0.61	
68	zk01068	2.63	182.9	4.97	52071	0.83	
69	zk01069	2.63	67.4	5.43	90091.6	0.73	
70	zk01070	2.63	41.3	5.07	36029	1.08	
71	zk01071	2.63	239.3	5.48	170272.6	0.6	
72	zk01072	2.63	264	5.33	237730.9	0.52	
73	zk01073	2.64	279.1	5.44	257945.8	0.52	
74	zk01074	2.64	250.3	5.24	85150	0.66	
75	zk01075	2.64	42.6	5.06	31358.5	1.21	碎斑 熔岩
76	zk01076	2.64	276.4	5.29	148495.6	0.63	
77	zk01077	2.63	280.5	5.22	228635.4	0.56	
78	zk01078	2.63	224.1	5.33	153365.3	0.62	
79	zk01079	2.65	214.5	5.29	175700.2	0.59	
80	zk01080	2.63	193.9	5.07	74781.2	0.75	
81	zk01081	2.64	72.9	5.07	184334.5	0.55	
82	zk01082	2.64	67.4	5.17	40989.4	0.81	
83	zk01083	2.6	24.8	5.33		1.07	
84	zk01084	2.6	26.1	5.2	9867.6	1.46	
85	zk01085	2.63	22	5.64	56768.6	0.7	
86	zk01086	2.64	67.4	5.33	5937.9	0.67	
87	zk01087	2.64	364.4	5.29	257485.5	0.52	
88	zk01088	2.62	97.6	5.69	3768.5	1.31	
89	zk03001	2.62	290.1	4.18	5388.2	1.84	
90	zk03002	2.61	372	4.18	16362.4	1.44	
91	zk03003	2.62	333.2	4.49	59334	1.39	

续表

序号	编号	密度 (g/cm³)	磁化率 (4π×10⁻⁶)	波速 (km/s)	电阻率 (Ω·m)	极化率 (%)	岩性
92	zk03004	2.61	420.4	4.05	13955.9	1.79	
93	zk03005	2.62	404	4.04	13012.1	1.76	
94	zk03006	2.63	371.1	4.2	29404.4	1.24	
95	zk03007	2.64	391.3	4.64	12536.9	1.47	
96	zk03008	2.62	360.6	4.44	11109.4	2.07	
97	zk03009	2.63	466.5	0		1.63	
98	zk03010	2.63	395.1	4	12179.8	1.38	
99	zk03011	2.63	332.9	4.08		1.51	
100	zk03012	2.63	391.3	4.14	14273.9	1.52	
101	zk03013	2.63	351.7	4.39	25403.2	1.72	
102	zk03014	2.63	367.4	4.19	11312.1	1.89	
103	zk03015	2.63	307.9	4.94	7798.2	2.09	
104	zk03016	2.63	196.1	4.2	1117.6	2.66	
105	zk03017	2.62	328.8	3.92	8976.6	1.46	
106	zk03018	2.62	339.9	4.21	6907.1	2.34	
107	zk03019	2.61	344.4	4.05	12001.8	1.54	碎斑熔岩
108	zk03020	2.61	323.7	4.31	11774.9	1.88	
109	zk03021	2.6	369.1	4.16	7280	1.58	
110	zk03022	2.63	361.4	4.37	10372.2	1.73	
111	zk03023	2.64	358	3.82	20055.4	1.15	
112	zk03024	2.64	285.4	4.24	21672.6	1.62	
113	zk03025	2.63	325.1	4.27	8182.7	1.6	
114	zk03026	2.63	304.8	4.67	23736	1.5	
115	zk03027	2.61	288	3.9	1194.6	1.44	
116	zk03028	2.64	292.2	4.16	11258.1	1.68	
117	zk03029	2.64	210	4.81	7181.7	2.11	
118	zk03030	2.63	314.5	4.33	15096	0.55	
119	zk03031	2.64	291.3	4.83	20321.2	1.42	
120	zk03032	2.64	275	4.11	10299	1.52	
121	zk03033	2.63	344.8	4.22	9305	1.6	
122	zk03034	2.64	217	4.46	15294.8	1.55	
123	zk03035	2.64	290.5	4.36	6745.7	1.57	

序号	编号	密度 （g/cm³）	磁化率 （4π×10⁻⁶）	波速 （km/s）	电阻率 （Ω·m）	极化率 （%）	岩性
124	zk03036	2.64	291.1	0		1.49	
125	zk03037	2.64	277	3.81	7399.3	1.82	
126	zk03038	2.64	257.5	3.85	14000.2	1.41	
127	zk03039	2.63	241.3	4.2	7213.3	1.51	
128	zk03040	2.64	283.2	4.16			
129	zk03041	2.64	252	4.27	15551.8	1.31	
130	zk03042	2.64	286.7	4.51	12493.5	1.35	
131	zk03043	2.64	288.8	3.73	11728.4	1.23	
132	zk03044	2.65	268	3.57	11823.7	1.37	
133	zk03045	2.64	291.3	4.46	16969.4	1.27	
134	zk03046	2.64	280.9	4.04	23616.5	1.25	
135	zk03047	2.64	242.5	3.89	11625.4	1.58	
136	zk03048	2.64	162.3	3.79	6723.6	2.07	
137	zk03049	2.64	289.2	4.35	25505.4	1.3	
138	zk03050	2.63	305.4	4.04	43845.6	1.13	
139	zk03051	2.64	295.9	4.04	23413.3	1.23	碎斑 熔岩
140	zk03052	2.64	279.7	4.4	14137.4	1.37	
141	zk03053	2.63	313.2	4.35	25904.4	1.19	
142	zk03054	2.64	293.5	4.74	13101.6	1.2	
143	zk03055	2.65	300.6	4.46	73620	0.82	
144	zk03056	2.62	337.8	3.56	6407.2	1.38	
145	zk03057	2.63	255.8	4.27	56181.4	1.04	
146	zk03058	2.64	254.7	3.87	7047.9	1.87	
147	zk03059	2.63	279.7	4.77	37072.4	1.23	
148	zk03060	2.63	303.5	4.42	23505.8	1.31	
149	zk03061	2.64	321.3	4.16	61691.4	1.1	
150	zk03062	2.63	283.9	3.03	14898.1	2.05	
151	zk03063	2.63	285.7	3.53	14979.7	1.91	
152	zk03064	2.64	305.4	4.55	75279.5	1.08	
153	zk03065	2.63	289.2	3.59	5478.5	1.63	
154	zk03066	2.64	349.2	4.41	18785.3	1.75	
155	zk03067	2.63	316.6	4.17	18704.2	1.38	

续表

序号	编号	密度 (g/cm³)	磁化率 (4π×10⁻⁶)	波速 (km/s)	电阻率 (Ω·m)	极化率 (%)	岩性
156	zk03068	2.64	301.3	4.2	16502.1	1.44	
157	zk03069	2.64	281.8	4.36	6030.2	1.88	
158	zk03070	2.64	199.5	3.75	22237.1	1.53	
159	zk03071	2.64	287.2	4.72	26877.5	1.32	
160	zk03072	2.64	279.7	3.95	42722.9	1.04	
161	zk03073	2.63	297	4.07	15687.5	1.56	
162	zk03074	2.64	364.9	3.75	157464.1	0.73	
163	zk03075	2.62	197.1	3.68	1000.2	2.09	
164	zk03076	2.62	313.6	3.78	68172	1.46	
165	zk03077	2.63	244.3	3.47	13233.8	2.21	
166	zk03078	2.64	297.2	4.16	62790.7	1.23	
167	zk03079	2.64	336.6	4.16	48943.6	1.17	
168	zk03080	2.63	328.7	4.04	12170.9	1.44	
169	zk03081	2.64	300.9	4.08	50529.7	0.93	
170	zk03082	2.64	302.5	4.07	18607.5	1.23	
171	zk03083	2.64	321.3	4.35	69241.9	0.76	碎斑熔岩
172	zk03084	2.63	325.8	3.9	20227.8	1.61	
173	zk03085	2.65	259.4	3.56	3635.6	1.95	
174	zk03086	2.64	342.4	4.56	39889.6	1.17	
175	zk03087	2.64	264.1	3.56		1.75	
176	zk03088	2.6	572.4	4.36	11796.2	2.26	
177	zk03089	2.62	360.9	3.41	6387.2	1.81	
178	zk03090	2.62	327.2	3.79	4908.9	1.85	
179	zk03091	2.64	359.5	3.42	12510.5	1.81	
180	zk03092	2.64	342	4.63	38266.3	1.22	
181	zk03093	2.64	245.7	4.69	13160.4	1.42	
182	zk03094	2.64	359.4	4.41	36786.9	1.27	
183	zk03095	3.14	253.2	4	20904.7	1.49	
184	zk03096	2.63	339.1	4.56	28370.7	1.25	
185	zk03097	2.64	217.3	3.92	1512.6	1.67	
186	zk03098	2.62	32.8	4	488	0.78	
187	zk03099	2.61	251.1	4.3	439.2	0.79	

序号	编号	密度 （g/cm³）	磁化率 （4π×10⁻⁶）	波速 （km/s）	电阻率 （Ω·m）	极化率 （%）	岩性
188	zk03100	2.62	277.8	4.1	1749.8	0.45	
189	zk03101	2.62	276.6	4.08	1744.4	0.89	
190	zk03102	2.63	309.9	4.83	6055.6	0.84	
191	zk03103	2.62	285.4	4.21	866.9	0.96	
192	zk03104	2.64	292.5	3.24	29183.4	1.26	
193	zk03105	2.63	341.2	3.84	4426.9	0.66	
194	zk03106	2.63	353	4.12	9523.3	1.62	
195	zk03107	2.64	335.3	4.5	42687.8	1.14	
196	zk03108	2.57	156.6	3.37	383.4	1.01	
197	zk03109	2.63	300.5	4.67	3569.8	0.9	
198	zk03110	2.62	262.5	2.88	703.5	0.74	
199	zk03111	2.61	219.8	3.38	756	0.94	
200	zk03112	2.64	290.4	4	25573.6	1.35	
201	zk03113	2.61	231.5	3.46	1748.6	1.05	
202	zk03114	2.61	222.4	3.78	495469	1.14	
203	zk03115	2.64	373.2	4.18	72806.1	0.52	碎斑熔岩
204	zk03116	2.64	378.5	4.08	4801.9	0.84	
205	zk03117	2.63	346.1	3.52		0.63	
206	zk03118	2.64	401.7	4.13	30037.8	0.94	
207	zk03119	2.64	205.8	3.37	189439.6	0.65	
208	zk03120	2.63	368.7	3.81	3260.1	0.87	
209	zk03121	2.63	293.8	4.25	198296.2	0.67	
210	zk03122	2.64	168.1	4.21	104582.2	0.75	
211	zk03123	2.63	370.2	4.11	8070.5	0.6	
212	zk03124	2.64	373.9	4.87	150664.6	0.7	
213	zk03125	2.64	333.3	4.53	43004	0.79	
214	zk03126	2.64	413.9	4.36	58603.5	0.93	
215	zk03127	2.62	0	4.11	18362.6	1.51	
216	zk03128	2.64	356.9	4.64	85878.8	1.01	
217	zk03129	2.64	341.9	4.15	76067.1	0.83	
218	zk03130	2.64	343.2	4.13	160696.1	0.76	
219	zk03131	2.64	335.8	4.39	33906.1	1.2	

续表

序号	编号	密度 （g/cm³）	磁化率 （4π×10⁻⁶）	波速 （km/s）	电阻率 （Ω·m）	极化率 （%）	岩性
220	zk03132	2.64	386.4	4.57	82978.9	0.85	
221	zk03133	2.64	346.9	3.73	35587.8	0.95	
222	zk03134	2.63	337.8	4.31	13053.9	1.89	
223	zk03135	2.64	230.4	4.22	32210.3	1.01	
224	zk03136	2.64	327.4	4.14	166842.9	0.64	
225	zk03137	2.63	334.8	4.94	135561.9	1.1	
226	zk03138	2.65	268.4	3.67	12024.1	0.8	
227	zk03139	2.63	367.9	3.96	883247	0.66	
228	zk03140	2.63	344.4	4.57		0.52	
229	zk03141	2.64	286.9	4.33	136378.4	0.69	
230	zk03142	2.63	296.3	4.35	63633	0.92	
231	zk03143	2.63	324.3	4.89	131015.8	0.89	
232	zk03144	2.64	358.9	4.79	47299.6	0.67	
233	zk03145	2.64	267.6	4.97	1501727	0.56	
234	zk03146	2.63	294.7	3.94	352209.1	0.61	
235	zk03147	2.63	374.1	4.44	741780.4	0.55	碎斑熔岩
236	zk03148	2.63	368.6	4.21	23293.8	1.55	
237	zk03149	2.63	337	4.19	264616.7	0.67	
238	zk03150	2.63	349.2	3.75	157826.1	0.89	
239	zk03151	2.63	357.7	4.58	273330.5	0.64	
240	zk03152	2.62	282.6	3.57	77721.7	0.8	
241	zk03153	2.65	422.4	4.13	171581.6	0.83	
242	zk03154	2.64	373.5	4.52	124721.9	0.72	
243	zk03155	2.64	300.2	4.48	61110.9	0.9	
244	zk03156	2.63	369.5	4	50450.9	1.04	
245	zk03157	2.64	360.9	3.56	54949.5	1.1	
246	zk03158	2.64	362.7	4.52	255709.5	0.62	
247	zk03159	2.63	274.9	4.23	140996.7	0.7	
248	zk03160	2.63	28.6	3.45	48715	1.03	
249	zk03161	2.66	23.2	4.78	100594.1	0.78	
250	zk03162	2.65	340.7	4.79	135429.2	0.76	
251	zk03163	2.62	50.6	4.35	8682.1	1.84	

序号	编号	密度 （g/cm³）	磁化率 （4π×10⁻⁶）	波速 （km/s）	电阻率 （Ω·m）	极化率 （%）	岩性
252	zk03164	2.65	350.1	4.41	62276.2	0.7	
253	zk03165	2.63	142.6	3.52	7988.6	1.44	
254	zk03166	2.64	398.7	4.28	302758	0.6	
255	zk03167	2.64	0	3.85	70302.5	0.77	
256	zk03168	2.62	292.5	4.17	9429	1.55	
257	zk03169	2.64	382.2	5	242229.3	0.67	
258	zk03170	2.65	309.5	4.3	183165.2	0.67	
259	zk03171	2.64	354.8	4.77	323353.8	0.67	
260	zk03172	2.64	247.9	4.21	780956.6	1.31	
261	zk03173	2.65	271.4	3.41	17878.5	1.98	
262	zk03174	2.65	314.5	4.26	24077.8	1.68	
263	zk03175	2.64	345.7	4.4	36268.4	1.28	
264	zk03176	2.64	166.1	4.29	13665	1.49	
265	zk03177	2.6	252.8	4.3	3490.9	1.53	
266	zk03178	2.64	154.1	4	6278.4	0.93	
267	zk03179	2.64	249.5	4.52	5316.3	0.68	碎斑 熔岩
268	zk03180	2.64	315	4.17	9889.4	1	
269	zk03181	2.65	60.9	3.65	5224.2	1.01	
270	zk03182	2.61	290.7	3.29	9328.9	1.63	
271	zk03183	2.64	379.7	3.84	210822.9	0.7	
272	zk03184	2.64	177.3	3.33	1999.3	1.47	
273	zk03185	2.63	348.2	4.17	281915.1	0.79	
274	zk03186	2.63	369.9	3.61	5184.4	1.14	
275	zk03187	2.61	337.9	3.47	3583.7	1.3	
276	zk03188	2.62	268.2	3.61	20521.8	1.76	
277	zk03189	2.64	406.9	4.46	250337.3	0.68	
278	zk03190	2.63	330.7	3.81	6084.4	1.57	
279	zk03191	2.65	376.6	4.17	177092.8	0.92	
280	zk03192	2.63	394.9	4.42	170104.7	0.85	
281	zk03193	2.64	363.9	4.52	132873.8	0.75	
282	zk03194	2.64	294.2	4.15	55578.3	1	
283	zk03195	2.64	361.9	4.56	60865.4	1.09	

续表

序号	编号	密度 （g/cm³）	磁化率 （4π×10⁻⁶）	波速 （km/s）	电阻率 （Ω·m）	极化率 （%）	岩性
284	zk03196	2.63	418.5	3.83	217059.5	0.61	
285	zk03197	2.64	352.2	4.52	215382	0.68	
286	zk03198	2.62	365.8	3.93	260351.8	0.6	
287	zk03199	2.64	214.3	4.27	240935.7	0.74	
288	zk03200	2.63	301.7	4.64	15678.5	0.94	
289	zk03201	2.63	382.2	4.59	98741.4	0.78	
290	zk03202	2.63	360.6	4.93	261372.8	0.61	
291	zk03203	2.63	369.1	5.05	112569.3	0.72	
292	zk03204	2.63	385.9	4.86	238911.1	0.62	
293	zk03205	2.64	443.1	4.58	303323.4	0.63	
294	zk03206	2.63	302.9	4.8	68497.9	0.9	
295	zk03207	2.63	365.2	4.93	193562.2	0.67	
296	zk03208	2.63	373.7	4.19	43706.7	1.09	
297	zk03209	2.64	357.2	4.5	45067.3	1.05	
298	zk03210	2.64	141.6	3.87	7720.4	1.33	
299	zk03211	2.66	201.7	4.3	54636.2	0.96	碎斑 熔岩
300	zk03212	2.64	430.3	4.47	125085.1	0.72	
301	zk03213	2.64	422.5	4.62	31790.6	1.1	
302	zk03214	2.65	56.7	4.62	3112.6	0.96	
303	zk03215	2.64	376.8	5.11	315893.5	0.72	
304	zk03216	2.65	375.5	4.46		0.86	
305	zk03217	2.65	346.5	4.59		0.64	
306	zk03218	2.65	93.7	4.65	29506.5	0.75	
307	zk03219	2.67	70.3	4.67	5638.3	1.32	
308	zk03220	2.65	258.1	5.44	231326.6	0.57	
309	zk03221	2.66	86.7	4.7	39818.5	0.86	
310	zk03222	2.66	87.1	4.98	90398.8	0.77	
311	zk03223	2.65	232.4	4.99	104313.3	0.73	
312	zk03224	2.65	150.2	4.75	27780.4	1.29	
313	zk03225	2.66	71.4	5.22	11717.4	0.63	
314	zk03226	2.66	97	4.4	16325.6	0.79	
315	zk03227	2.65	53.1	4.62	23124	0.67	

序号	编号	密度 (g/cm³)	磁化率 (4π×10⁻⁶)	波速 (km/s)	电阻率 (Ω·m)	极化率 (%)	岩性
316	zk03228	2.63	63.1	4.87	58988.9	0.66	
317	zk03229	2.64	62.6	4.58	23180.1	0.63	
318	zk03230	2.65	180.9	5.22	394656.9	0.59	
319	zk03231	2.65	150.6	4.77		0.52	
320	zk03232	2.66	169.1	4.19	70388.9	0.74	
321	zk03233	2.65	148	4.71	284159.4	0.54	
322	zk03234	2.63	143.7	4.24	38315.9	0.77	
323	zk03235	2.63	129.8	4.87	19795.5	0.95	
324	zk03236	2.63	0	0			
325	zk03237	2.66	150.9	4		0.71	
326	zk03238	2.64	263.2	4	684499.2	0.74	
327	zk03239	2.64	144.6	4.06	401029.3	0.68	
328	zk03240	2.65	165.2	5.23	268365.9	0.6	
329	zk03241	2.65	188.7	4.55	190894.6	0.63	
330	zk03242	2.63	139.9	4.29	14211.1	1.25	
331	zk03243	2.64	213.7	4.5	96626.3	1.03	碎斑 熔岩
332	zk03244	2.63	295.9	4.85	185819.7		
333	zk03245	2.63	253.1	5.12	304611.6	0.65	
334	zk03246	2.63	272.9	4.5	128165.8		
335	zk03247	2.62	209.2	4.67	12654.2	0.52	
336	zk05001	2.63	26.1	5.33	3676.2	2.85	
337	zk05002	2.64	17.9	5.01	4819.8	2.36	
338	zk05003	2.63	23.4	4.78	3304.3	3.05	
339	zk05004	2.61	17.9	5.33	2288.5	1.53	
340	zk05005	2.62	20.6	5.09	1606.2	1.87	
341	zk05006	2.63	17.9	5.27	2028.3	1.62	
342	zk05007	2.62	50.9	5.19	3485.1	2.06	
343	zk05008	2.62	15.1	5.56	5476.4	3.02	
344	zk05009	2.63	20.6	5.18	9949.9	2.75	
345	zk05010	2.64	20.6	5.12	11547.3	2.35	
346	zk05011	2.63	15.1	5.33	13418.1	2.77	
347	zk05012	2.63	23.4	4.89	10794.1	2.36	

续表

序号	编号	密度 （g/cm³）	磁化率 （4π×10⁻⁶）	波速 （km/s）	电阻率 （Ω·m）	极化率 （%）	岩性
348	zk05013	2.64	33	5.2	9192.6	2.29	
349	zk05014	2.64	258.5	4.97	9164.9	1.61	
350	zk05015	2.64	237.9	5.33	11007	1.12	
351	zk05016	2.64	188.4	5.48	12278.7	1.29	
352	zk05017	2.63	70.1	5	3834	1.82	
353	zk05018	2.64	342.4	5.21	10940.2	1.85	
354	zk05019	2.63	297	5.6	18194.1	1.15	
355	zk05020	2.64	319	4.98	21854.2	1.26	
356	zk05021	2.64	324.5	4.83	21150.6	1.04	
357	zk05022	2.64	57.8	4.84	10831.1	1.1	
358	zk05023	2.65	319	4.93	21433	1.82	
359	zk05024	2.64	317.6	4.94	17306.1	0.89	
360	zk05025	2.63	251.6	4.78	8108	0.96	
361	zk05026	2.63	272.3	4.36	4742.8	1.48	
362	zk05027	2.63	295.6	4.89	14789.1	1.9	
363	zk05028	2.63	93.5	4.92	9161.3	1.37	碎斑 熔岩
364	zk05029	2.64	220	4.5	59920.4	1.73	
365	zk05030	2.64	269.5	5.02	37087.5	0.95	
366	zk05031	2.64	59.1	5.28	21911.6	0.83	
367	zk05032	2.63	180.1	5	53445	1.65	
368	zk05033	2.64	317.6	5.12	58953	0.86	
369	zk05034	2.63	310.8	5.75	54020.5	0.75	
370	zk05035	2.64	357.5	5.33	48754.4	0.98	
371	zk05036	2.64	272.3	5.39	92318.4	0.87	
372	zk05037	2.64	266.8	4.99	24497.3	0.71	
373	zk05038	2.63	284.6	4.93	6131.3	0.84	
374	zk05039	2.63	298.4	5.23	61839.4	1.38	
375	zk05040	2.64	363	5.04	8872.9	0.89	
376	zk05041	2.62	305.3	5.16	31084.8	1.32	
377	zk05042	2.64	280.5	5.19	211412	1.54	
378	zk05043	2.63	279.1	4	28744.1	0.58	
379	zk05044	2.64	261.3	4.92	183003.3	0.55	

序号	编号	密度 （g/cm³）	磁化率 （4π×10⁻⁶）	波速 （km/s）	电阻率 （Ω·m）	极化率 （%）	岩性
380	zk05045	2.64	288.8	5.49	153990.6	0.62	
381	zk05046	2.65	259.9	5.33	19347	1.21	
382	zk05047	2.65	239.3	5.6	208094.5	0.64	
383	zk05048	2.64	374	5.54	132665	0.64	
384	zk05049	2.64	404.3	5.33	14814258	0.72	
385	zk05050	2.64	332.8	5.33	21226.4	0.66	
386	zk05051	2.64	171.9	5.07	1529.1	0.78	
387	zk05052	2.64	60.5	5.33	38431.4	0.93	
388	zk05053	2.57	86.6	5.06	2112.4	2.02	
389	zk05054	2.63	94.9	5.33	1481	0.84	
390	zk06001	2.65	381.6	4.89	10372	1.6	
391	zk06002	2.64	392.4	5.15	13822.1	1.65	
392	zk06003	2.64	69.3	4.85	15024.3	1.53	
393	zk06004	2.64	81.9	5.13	28956.5	1.18	
394	zk06005	2.64	106.6	5.68	23142.7	1.8	
395	zk06006	2.64	50.4	5.65	7445.5	1.66	碎斑 熔岩
396	zk06007	2.35	1.1	1.85		1.99	
397	zk06008	2.63	53.6	5.33	5057.9	1.87	
398	zk06009	2.64	468	5.46	14716.6	1.24	
399	zk06010	2.52	0	0			
400	zk06011	2.62	453.6	5.21	1499.4	1.56	
401	zk06012	2.62	397.8	6.18	0	1.47	
402	zk06013	2.65	529.2	5.9	32866.7	1.3	
403	zk06014	2.64	340.2	5.78	22226.5	1.47	
404	zk06015	2.64	257.4	5.53	32654.8	1.11	
405	zk06016	2.61	288	5.71	9532	1.86	
406	zk06017	2.64	234	5.75	8928.9	1.09	
407	zk06018	2.63	334.8	7.07	32215.1	1.46	
408	zk06019	2.64	471.6	5.58	87855.9	0.93	
409	zk06020	2.64	80.6	5.81	35819.6	1.33	
410	zk06021	2.64	495	5.93	44326.7	1.06	
411	zk06022	2.65	244.8	6.53	28886.7	0.96	

序号	编号	密度 （g/cm³）	磁化率 （4π×10⁻⁶）	波速 （km/s）	电阻率 （Ω·m）	极化率 （%）	岩性
412	zk06023	2.64	24.1	6.27	33279.2	1.28	
413	zk06024	2.62	60.3	5.7	9893	1.34	
414	zk06025	2.64	151.9	6.3	62227.7	0.8	
415	zk06026	2.64	297	5.92	16127.2	1.34	
416	zk06027	2.65	444.6	6	13465.5	0.66	
417	zk06028	2.65	119.7	5.9	372731	0.49	
418	zk06029	2.64	114.7	6	32834.6	0.8	
419	zk06030	2.64	408.6	6.1	146760.7	0.66	
420	zk06031	2.64	435.6	5.82	156800.4	0.61	
421	zk06032	2.64	484.2	6.24	187791.8	0.52	
422	zk06033	2.63	360	6.15	2626.8	1.64	
423	zk06034	2.64	619.1	6.93	158891.9	0.76	
424	zk06062	2.57	65.5	5.4	2579.6	1.11	
425	zk07001	2.65	217.3	5.92	130155.1	0.68	
426	zk07002	2.64	244.8	4.56	7367.8	1.49	
427	zk07003	2.65	356.1	4.99	239979.2	0.59	碎斑 熔岩
428	zk07004	2.65	55	4.8	11011.2	1.57	
429	zk07009	2.64	24.8	5.71	10692.8	1.3	
430	zk07010	2.61	67.4	4.52	1386.9	1.15	
431	zk07016	2.64	41.3	3.3	11311.4	1.02	
432	zk08001	2.61	76	6.44	8042.2	1.78	
433	zk08002	2.63	210	5.49	17407.6	1.42	
434	zk08003	2.64	16	5.54	11718.7	1.68	
435	zk08004	2.65	86	5.93	17708.5	1.79	
436	zk08005	2.64	178	5.1	12609.4	1.19	
437	zk08006	2.64	204	5.33	4166	2.58	
438	zk08007	2.63	214	4.98	22067.4	0.98	
439	zk08008	2.62	356	4.84	19279	1.1	
440	zk08009	2.64	360	4.88	12858.3	1.49	
441	zk08010	2.63	372	5.39	9469.1	1.48	
442	zk08011	2.6	358	4.64	8393.4	1.46	
443	zk08012	2.63	334	5.33	16488.4	1.65	

续表

序号	编号	密度 （g/cm³）	磁化率 （4π×10⁻⁶）	波速 （km/s）	电阻率 （Ω·m）	极化率 （%）	岩性
444	zk08013	2.62	100	5.13	3773	1.69	
445	zk08014	2.62	336	4.93	1936.2	1.54	
446	zk08015	2.63	292	5.59	13473.4	1.35	
447	zk08016	2.64	332	5.4	243011.1	0.95	
448	zk08017	2.63	354	5.52	23262.1	1.18	
449	zk08018	2.63	388	5.45	12244.7	1.56	
450	zk08019	2.63	288	5.06	15304.7	1.18	
451	zk08020	2.63	306	4.81	6631.2	1.81	
452	zk08021	2.64	226	5.14	22553.1	1.19	
453	zk08022	2.62	326	5.09		1.57	
454	zk08023	2.63	208	4.95	21399.9	1.2	
455	zk08024	2.63	170	5.19	45257.7	0.91	
456	zk08025	2.62	380	4.65	12770.4	1.17	
457	zk08026	2.63	250	4.67	20869.7	1.1	
458	zk08027	2.64	310	5.62	102288.8	0.78	
459	zk08028	2.64	260	5.19	53126.9	0.9	碎斑 熔岩
460	zk08029	2.63	282	5	18838.4	0.99	
461	zk08030	2.64	274	5.38	164833.3	0.68	
462	zk08031	2.64	302	5.93	53878.6	1.08	
463	zk08032	2.64	278	5.38	45371.4	1.02	
464	zk08033	2.63	298	5.03	130363.7	0.7	
465	zk08034	2.63	358	5.13	23879.7	1.1	
466	zk08035	2.63	284	4.75	64238.4	0.75	
467	zk08036	2.63	324	5.01	161765.7	0.61	
468	zk08037	2.64	370	5.33			
469	zk08038	2.62	248	4.15	5571.9	1.54	
470	zk08039	2.63	378	4.85	31358.5	0.91	
471	zk08040	2.64	314	5.38	16060.7	1.2	
472	zk08041	2.64	334	4.98	18896.9	0.96	
473	zk08042	2.64	364	5.39	20096.8	0.98	
474	zk08043	2.64	354	5.15		0.93	
475	zk08044	2.64	354	5.33	27791	1.21	

续表

序号	编号	密度（g/cm³）	磁化率（4π×10⁻⁶）	波速（km/s）	电阻率（Ω·m）	极化率（%）	岩性
476	zk08045	2.64	326	5.1	45823.2	1.06	
477	zk08046	2.65	514	5.38	43022.9	0.96	
478	zk08047	2.64	218	4.75	20947.1	1.15	
479	zk08048	2.7	1828	4.79			
480	zk08049	2.65	474	5.23	30863.4	0.88	
481	zk08050	2.64	522	5.6	52194.2	0.9	
482	zk08051	2.65	196	4.82	5068.1	1.92	
483	zk08052	2.65	1692	5.16	15748.3	1.15	
484	zk08053	2.62	574	4.95	21803.2	1.31	
485	zk08054	2.65	380	4.4	17307.3	1.14	
486	zk08055	2.64	364	4.46	15287.5	1.18	
487	zk08056	2.64	430	5.14	11825	0.93	
488	zk08057	2.64	984	4.93	18609	1.36	
489	zk08058	2.65	456	4.81	12294.5	1.68	
490	zk08059	2.63	188	4.77	60469.6	0.92	
491	zk08060	2.63	424	5.04	404573.4	0.53	碎斑熔岩
492	zk08061	2.64	430	4.75	27037.3	0.99	
493	zk08062	2.64	438	4.48	10632.9	1.66	
494	zk08063	2.64	422	5.08	31513.4	0.93	
495	zk08064	2.63	292	4.64	29252.6	1.1	
496	zk08065	2.63	340	5.07	15380.4	1.26	
497	zk08066	2.64	348	4.57	16168.5	1.22	
498	zk08067	2.63	356	4.99	25011.9	0.76	
499	zk08068	2.63	344	4.98	19935.3	0.94	
500	zk08069	2.63	268	5		0.82	
501	zk08070	2.63	220	4.88	17552.6	1.01	
502	zk08071	2.63	304	4.82	10468.7	1.05	
503	zk08072	2.6	278	4.84	39215.3	1.07	
504	zk08073	2.63	314	4.76	21201.6	1.13	
505	zk08074	2.64	276	4.75	12149.3	1.16	
506	zk08075	2.64	302	4.63	11724.7	1.58	
507	zk08076	2.62	284	4.81	15209.5	1.51	

序号	编号	密度 （g/cm³）	磁化率 （4π×10⁻⁶）	波速 （km/s）	电阻率 （Ω·m）	极化率 （%）	岩性
508	zk08077	2.54	348	4.85	12669	1.08	
509	zk08078	2.64	258	5.28	34688.4	1.22	
510	zk08079	2.63	314	5.5	62111.3	0.69	
511	zk08080	1.87	280	4.97	18833	1.18	
512	zk08081	2.63	302	4.8	24874.7	0.94	
513	zk08082	2.63	280	4.38	49578.8	0.88	
514	zk08083	2.63	262	4.85	0	0.91	
515	zk08084	2.63	286	4.15	9345.5	1.62	
516	zk08085	2.63	372	4.38	8903.7	1.32	
517	zk08086	2.63	256	4.79	15718.3	1.47	
518	zk08087	2.63	280	4.88	10307.1	1.32	
519	zk08088	2.64	262	4.81	11053.2	1.57	
520	zk08089	2.63	270	4.89	10299.6	1.13	
521	zk08090	2.63	250	4.48	22316.1	0.92	
522	zk08091	2.63	504	5.54	43678.7	1.03	
523	zk08092	2.63	262	5.28	10708.2	1.52	碎斑 熔岩
524	zk08093	2.63	292	4.71	6878.6	1	
525	zk08094	2.62	316	5.18	18205.3	1.04	
526	zk08095	2.63	304	5.09	19242.9	1.13	
527	zk08096	2.63	236	4.56	12425.2	1.47	
528	zk08097	2.63	232	5.12	23506.6	0.99	
529	zk08098	2.63	228	5.17	0	0.9	
530	zk08099	2.64	174	5.33	24658.4	1.26	
531	zk08100	2.62	76	5.11	29936.1	1.24	
532	zk08101	2.64	94	6.18	32970.3	1.02	
533	zk08102	2.64	188	5.33	71017.2	0.79	
534	zk08103	2.63	94	5.28	195906.3	0.64	
535	zk08104	2.63	148	5.56	83579	0.82	
536	zk08105	2.64	20	5.24	227276.1	0.57	
537	zk08106	2.63	32	5.59	164172.9	0.71	
538	zk08107	2.63	152	5.68	5734.1	1.52	
539	zk08108	2.63	226	5.02			

续表

序号	编号	密度 (g/cm³)	磁化率 (4π×10⁻⁶)	波速 (km/s)	电阻率 (Ω·m)	极化率 (%)	岩性
540	zk08109	2.64	60	5.48	201686.7	0.7	
541	zk08110	2.64	116	4.38		1.08	
542	zk08111	2.65	32	5.21	8988.3	1.4	
543	zk08112	2.63	16	4.61	17406.3	1.13	
544	zk08113	2.64	14	5.38	8854.5		
545	zk08114	2.64	28	5.13	7446	0.88	
546	zk09001	2.64	254.8	5.44	191281.3	0.71	
547	zk09002	2.64	209.9	5.27	9638.2	2.22	
548	zk09003	2.64	40	4	27113.4	2.12	
549	zk09004	2.64	86.8	5	15155.6	1.93	
550	zk09006	2.54	32.1	4.6	35819.6	1.43	
551	zk09007	2.63	314.8	4.55	35407.8	0.99	
552	zk09008	2.63	314.4	5.14	25027.8	1.2	
553	zk09009	2.65	305	5.04	141639.4	0.74	
554	zk09010	2.65	49.6	4.12	10190.9	2.19	
555	zk09011	2.4	5.3	3.44	714.1	1.59	碎斑熔岩
556	zk09012	2.53	10.5	0	3058.1	1.75	
557	zk09013	2.52	7.5	3.4	1390.9	2.25	
558	zk09014	2.55	14.1	4	1359.6	1.07	
559	zk09015	2.64	196	5.03	99259	0.94	
560	zk09016	2.63	242.1	5.11	171310.9	0.72	
561	zk09017	2.64	36.5	4.25	155574.5	0.74	
562	zk09018	2.59	21.5	4.08	9576.2	1.23	
563	zk09019	2.63	90.3	4.62	4444.3	2.14	
564	zk09020	2.64	294.7	3.93	99464.1	0.87	
565	zk09021	2.62	314.5	4.46	66677.1	1.11	
566	zk09022	2.63	28.3	3.81	40197.5	1.54	
567	zk09023	2.64	262.6	4.55	72565.5	0.82	
568	zk09024	2.64	60.9	4.75	45455.2	0.94	
569	zk09025	2.64	41.1	4.42	5068.8	1.33	
570	zk09026	2.64	298.8	4.82	120464.6	0.72	
571	zk09027	2.64	312	4.3	116228.6	0.71	

序号	编号	密度（g/cm³）	磁化率（4π×10⁻⁶）	波速（km/s）	电阻率（Ω·m）	极化率（%）	岩性
572	zk09028	2.63	296.3	4.46	18267	1.08	
573	zk09029	1.59	331.7	4.47	64635.9	0.91	
574	zk09030	2.34	342.4	4.89	19143.2	0.91	
575	zk09031	2.63	51.3	4.53	34220.5	1.24	
576	zk09032	2.64	51.5	4.99	137131	0.76	
577	zk09033	2.64	382.2	4.74	179470.9	0.8	
578	zk09034	2.64	312.4	5.19	101872.1	0.74	
579	zk09035	2.63	299.2	5.16	202977.5	0.67	
580	zk09036	2.64	78.9	4.85	255711.8	0.62	
581	zk09037	2.64	293	5.27	29094.8	0.84	
582	zk09038	2.63	303.5	4.56	321457.5	0.72	
583	zk09039	2.52	64.9	3.26	316.6	1.95	
584	zk09040	2.63	296.8	4.12	230017.7	0.74	
585	zk09041	2.63	378.5	4.86	203170	0.66	
586	zk09042	2.64	44.3	5.65	131172.5	0.83	
587	zk09043	2.64	285.5	4.97	395122.9	0.52	碎斑熔岩
588	zk09044	2.64	258.1	5.05	308525.7	0.52	
589	zk09045	2.63	274.7	4.94	290138.4	0.59	
590	zk09046	2.63	277	4.9	204020.7	0.63	
591	zk09047	2.64	313.3	4.85	216491.8	0.62	
592	zk09048	2.63	55.2	4.67	19943.5	1.67	
593	zk09049	2.64	221.2	5.07	85715.6	0.82	
594	zk09050	2.64	292.2	4.97	248746.9	0.58	
595	zk09051	2.62	145.4	5.42	113704.1	0.68	
596	zk09052	2.63	254.9	5.25	554222.9	0.53	
597	zk09053	2.64	266	5.21	455752.8	0.55	
598	zk09054	2.65	311.5	4.86	106639.2	0.71	
599	zk09055	2.62	33.7	4.85	26897.5	1.2	
600	zk09056	2.62	165.4	4.41	1971.5	1.61	
601	zk09057	2.61	232.8	5.16	5728.4	1.45	
602	zk09058	2.63	274.8	4.18	12095.6	1.2	
603	zk09059	2.64	294.6	5.28	304152	0.56	

续表

序号	编号	密度 （g/cm³）	磁化率 （4π×10⁻⁶）	波速 （km/s）	电阻率 （Ω·m）	极化率 （%）	岩性
604	zk09060	2.64	264.7	4.84	272754.4	0.55	
605	zk09061	2.65	232.4	5.33	13133.8	1.23	
606	zk09062	2.64	239.3	5.25	395618.9	0.59	
607	zk09063	2.62	329.8	4.42	12868.5	1.49	
608	zk09064	2.64	216.8	4.73	484320.7	0.58	
609	zk09065	2.65	256.6	4.63	382729.4	0.6	
610	zk09066	2.62	22.4	4.8	1419.5	1.5	
611	zk09067	2.62	87.7	4.11	5179.3	0.97	
612	zk09068	2.6	28.7	3.69	427.8	0.75	
613	zk09069	2.6	85.7	4.36	5068.3	1.21	
614	zk09070	2.6	27.2	4.77	2233.9	0.88	
615	zk09071	2.64	25.4	4.67	6191.7	1.19	
616	zk09072	2.64	31.2	5.1	6337.3	1.29	
617	zk09073	2.65	122.7	5.11	212840.8	0.71	
618	zk09074	2.63	186	4.86	11188.8	1.44	
619	zk09075	2.63	39.4	3.36	423.8	0.78	碎斑熔岩
620	zk09076	2.65	224.1	5.64	183591.2	0.75	
621	zk09077	2.64	307.3	5.05	325029.3	0.64	
622	zk09078	2.64	274.7	4.4	5688.2	1.27	
623	zk09136	3.99	24.8	4.42	1.1	1.01	
624	zk09137	2.84	19.4	4.91	1245	1.2	
625	zk09138	2.69	5.8	4.47	929.8	0.95	
626	zk09139	2.69	7	4.92	3183.7	1.11	
627	zk09140	2.7	10.4	4.81	4930.5	2.29	
628	zk09141	2.7	5.4	5.28	2275.1	1.44	
629	zk09142	2.69	5	4.54	500.8	1.66	
630	zk09143	2.84	13.6	5.01	302.8	6.39	
631	zk09147	2.63	11.1	4	2787.7	1.04	
632	zk09148	2.64	10.8	4.89	2768.3	1.78	
633	zk09149	3.73	96.5	4.78	0.4	33.95	
634	zk09150	2.69	13.3	4.48	1585.1	1.7	
635	zk09151	2.67	13	3.8	660.2	0.98	

序号	编号	密度 （g/cm³）	磁化率 （4π×10⁻⁶）	波速 （km/s）	电阻率 （Ω·m）	极化率 （%）	岩性
636	zk09152	2.83	8.4	4.23	199	13.74	
637	zk10001	2.62	295.5	4.77	6619.6	2.02	
638	zk10002	2.62	223.3	4.17	11016.7	1.48	
639	zk10003	2.65	46.4	3.93	1922.5	2.14	
640	zk10004	2.63	319.9	4.09	8822.9	2.42	
641	zk10005	2.63	341.1	4.51	11769.3	1.85	
642	zk10006	2.55	7.2	2.72	254	0.9	
643	zk10007	2.63	411.4	4.3	14898.4	1.32	
644	zk10008	2.62	317.5	4.85	11743	1.33	
645	zk10009	2.62	337	4.22	19061.9	1.4	
646	zk10010	2.61	386.8	3.77	11719.4	2.12	
647	zk10011	2.63	421.3	4.53	14046.9	1.36	
648	zk10012	2.64	393.4	3.96	18349.7	1.53	
649	zk10013	2.62	334.8	4.06	13936	0.86	
650	zk10014	2.63	398.7	3.63	11571.1	1.45	
651	zk10015	2.63	325.3	4.3	11788.9	1.28	碎斑 熔岩
652	zk10016	2.63	345.4	3.71	16226	1.52	
653	zk10017	2.59	295.9	3.95	3554.2	3.1	
654	zk10018	2.63	335	5.03	9449.8	2.37	
655	zk10019	2.63	304.2	4.39	29009.4	1.08	
656	zk10020	2.63	333.7	4.12	36986.6	0.97	
657	zk10021	2.63	315	4.23	32704.8	1.29	
658	zk10022	2.63	242.5	4.69	19826.7	1.11	
659	zk10023	2.64	312.4	4.44	20994.2	1.19	
660	zk10024	2.64	127	4.31	4505.9	2.14	
661	zk10025	2.64	248.2	3.92	25149.9	0.86	
662	zk10026	2.65	272.1	4.69	23394.3	0.96	
663	zk10027	2.64	278.4	4.14	32063.2	1.12	
664	zk10028	2.64	295.5	4.09	21982.7	1.43	
665	zk10029	2.61	283.6	5.1	38355.4	0.83	
666	zk10030	2.64	262.2	4.19	25600.8	1.05	
667	zk10031	2.63	378.5	4.11	248348.9	0.65	

续表

序号	编号	密度 （g/cm³）	磁化率 （4π×10⁻⁶）	波速 （km/s）	电阻率 （Ω·m）	极化率 （%）	岩性
668	zk10032	2.57	55.8	2.63	332.9	1.31	
669	zk10033	2.64	369.7	4.72	213806.6	0.67	
670	zk10034	2.66	1592.7	4.78	61252.4	0.93	
671	zk10035	2.76	2605.8	4.69	380258.3	0.52	
672	zk10036	2.63	339.4	4.09	20052.8	1.83	
673	zk10037	2.62	275.2	4.73	16001.9	1.16	
674	zk10038	2.63	324.9	3.8	26381.4	1.1	
675	zk10040	2.63	131.1	4.61	23092.5	1.27	
676	zk10075	2.65	252	4.73	266350.5	0.69	
677	zk10076	2.65	188.4	5.06	229612.5	0.67	
678	zk10079	2.64	130.8	5.11	212840.8	0.64	
679	zk10080	2.64	168.5	5.28	196585.4	0.6	
680	zk10081	2.64	42	5.28	45791.3	1.03	
681	zk10091	2.63	186		102384.2	0.73	
682	zk10092	2.64	52.6		11622.9	1.29	
683	zk10093	2.62	353.1		19694.6	0.68	碎斑 熔岩
684	zk10094	2.64	141.5		69015	0.73	
685	zk10095	2.64	129.1		26984.1	1.08	
686	zk10096	2.64	113.4		94558.1	0.72	
687	zk10097	2.65	189.9		55235.8	0.79	
688	zk10098	2.64	90.5		61768.8	0.82	
689	zk10101	2.64	78.7		10359.2	0.9	
690	zk10102	2.65	58.4		19790.7	0.92	
691	zk10103	2.64	41.4		16310.7	1.05	
692	zk10104	2.64	42.7		8166.9	1.11	
693	zk10105	2.65	23.3		12816.4		
694	zk10109	2.54	28.6		1252.4	1.67	
695	zk10110	2.58	13.8		849.1	0.95	
696	zk10111	2.62	8.7		20435.5	0.84	
697	zk10112	2.63	5.5		1031.5	0.87	
698	zk10113	2.61	7.9		8084.6	1.29	
699	zk10115	2.66	40.9		2560.4	0.88	

序号	编号	密度 （g/cm³）	磁化率 （4π×10⁻⁶）	波速 （km/s）	电阻率 （Ω·m）	极化率 （%）	岩性
700	zk10123	2.63	7.1		11595.4	1.27	
701	zk10124	2.65	9.4		1140.5	1.33	
702	zk10125	2.61	8.7		4050.2	1.02	
703	zk10126	2.64	12.2		1915.6	0.82	
704	zk10127	2.65	9.5		1924.4	0.91	
705	zk10134	2.64	29.6		339731.8	0.55	
706	zk10135	2.68	9.5		518.6	0.78	
707	zk10136	2.64	11.9		90.2	0.74	
708	zk10137	2.64	215.8		152294	0.72	
709	zk10138	2.64	228.6		46502.6	1.06	
710	zk10139	2.64	322		109065.9	0.75	
711	zk10140	2.64	214.5		64549.8	0.89	
712	zk10141	2.64	246.9		56538.7	0.9	
713	zk10142	2.64	55.1		40201.1	0.77	
714	zk10143	2.7	4		70054.2	1.91	
715	zk10144	2.63	7.3		177.2	1.16	碎斑熔岩
716	zk10145	2.65	31.6		16313.9	0.87	
717	zk10146	2.64	118.1		78151.7	0.79	
718	zk10147	2.66	13.8		6408.5	0.99	
719	zk10148	2.64	8.7		34544.4	0.81	
720	zk10149	2.66	7.9		2425.9	1.25	
721	zk11001	2.64	317.6	5.56	10204.6	1.89	
722	zk11002	2.63	386.4	5.28	22436.4	1.5	
723	zk11003	2.64	378.1	1	27731.3	1.43	
724	zk11004	2.64	445.5	5.19	20264.9	1.3	
725	zk11005	2.63	302.5	5.65	33995.4	1.47	
726	zk11006	2.64	272.3	5.53	32079.4	1.34	
727	zk11007	2.64	372.6	5.07	14202.1	1.82	
728	zk11008	2.63	358.9	5.13	7522.1	1.77	
729	zk11009	2.63	130.6	5.68	105247.6	0.72	
730	zk11010	2.63	220	5.81	61852.3	0.98	
731	zk11011	2.63	265.4	5.08	51938.3	0.87	

续表

序号	编号	密度 （g/cm³）	磁化率 （4π×10⁻⁶）	波速 （km/s）	电阻率 （Ω·m）	极化率 （%）	岩性
732	zk11012	2.64	342.4	5.43	37285.8	1.45	
733	zk11013	2.64	275	4.86	5372.9	2.08	
734	zk11014	2.65	283.3	5.25	27291.1	0.98	
735	zk11015	2.63	258.5	5.39	26831.1	1.01	
736	zk11016	2.63	19.3	4.74	803.5	1.14	
737	zk11017	2.64	19.3	3.79	477.6	0.94	
738	zk11018	2.61	78.4	3.82	14161.2	0.85	
739	zk11019	2.63	264	5.62	115213.4	0.62	
740	zk11020	2.64	378.1	4.78	6176.6	1.15	
741	zk11021	2.63	360.3	5.75	38588.2	0.83	
742	zk11022	2.65	78.4	5.8	10265.5	1.4	
743	zk11023	2.62	148.5	5.25	47403	0.59	
744	zk11024	2.62	88	5.43	4634.8	1.05	
745	zk11025	2.63	104.5	5.87	23879.7	1.2	
746	zk11026	2.64	115.5	5.33	35202	0.84	碎斑 熔岩
747	zk11027	2.63	215.9	5.48	194152.3	0.56	
748	zk11028	2.63	298.4	5.7	39851.2	0.98	
749	zk11029	2.63	268.1	5.21	39290.4	1.14	
750	zk11030	2.63	151.3	5.82	54376.7	0.94	
751	zk11031	2.63	291.5	5.65	60196.7	0.97	
752	zk11032	2.63	46.8	5.62	3662.9	1.98	
753	zk11033	2.63	325.9	5.57	49998.1	0.83	
754	zk11034	2.63	222.8	5.9	97906.8	0.71	
755	zk11035	2.64	48.1	6.12	192874.5	1.04	
756	zk11036	2.64	115.5	6.15	176939.9	0.7	
757	zk12005	2.59	5.7	2.74	352.1	1.33	
758	zk12006	2.59	23.2	3.56	395.5	0.89	
759	zk13001	2.63	13.7	5.23	9200.7	1.23	
760	zk13002	2.64	15.6	5.38	28740.2	0.94	
761	zk13003	2.64	10.9	4.72	4902.4	1.12	
762	zk06076	2.66	122	5.1		0.94	暗紫色碎 粒碎粉岩

序号	编号	密度 （g/cm³）	磁化率 （4π×10⁻⁶）	波速 （km/s）	电阻率 （Ω·m）	极化率 （%）	岩性
763	zk02035	2.73	15.1	1.48	1168.6	1.48	
764	zk11138	2.76	24.8	4.3		1.83	
765	zk12063	2.74	29	5.38	31635.5	1.05	
766	zk12064	2.76	43.2	6.54	1553.3	1.6	变质岩
767	zk12065	2.75	55.6	5.33	4775.9	1.62	
768	zk12079	2.79	25.7	6	391.9	1.46	
769	zk12080	2.81	33.2	5.92	407	6.26	
770	zk02001	2.62	679.3	5.08	6816.3	1.74	
771	zk02002	2.62	723.3	4.69	7291.1	1.53	
772	zk02003	2.65	20.6	4.82	1048.7	1.06	
773	zk02004	2.64	16.5	4.62	5106.4	1.01	
774	zk02005	2.63	16.5	4.93	2751.9	0.75	
775	zk02006	2.66	19.3	5.05	2928.5	0.91	
776	zk02007	2.66	22	5.06	2996.9	0.81	
777	zk02008	2.64	343.8	4.97	1111.8	1.32	
778	zk02009	2.63	666.9	5.21	26262.1	1.04	
779	zk02010	2.63	706.8	5.27	28314.5	1.39	
780	zk02011	2.65	719.1	4.94	70730.7	1.16	
781	zk02012	2.62	12.4	4.77	819.9	1.2	
782	zk02013	2.64	554.1	5.15	7229.2	1.01	粗斑花岗斑岩
783	zk02014	2.64	214.5	4.92	28295.3	1.57	
784	zk02015	2.63	924	5.33	31268.9	1.78	
785	zk02016	2.63	251.6	5	1119.1	1.75	
786	zk02017	2.65	16.5	4.85	1916	1.36	
787	zk02018	2.66	316.3	5.21	12307.6	2.06	
788	zk02019	2.66	38.5	4.53	6922	2.13	
789	zk02020	2.65	1150.9	5.46	20583.8	1.72	
790	zk02021	2.65	844.3	5.09	19063.2	1.36	
791	zk02022	2.64	771.4	5.19	125135.3	0.75	
792	zk02023	2.65	345.1	4.81	15210	1.74	
793	zk02024	2.65	706.8	5.03	251275.7	0.67	
794	zk02025	2.65	699.9	4.92	184396.5	0.71	

续表

序号	编号	密度 （g/cm³）	磁化率 （4π×10⁻⁶）	波速 （km/s）	电阻率 （Ω·m）	极化率 （%）	岩性
795	zk02026	2.64	749.4	5.24	102080.9	1.02	
796	zk02027	2.63	660	5.11	210549.3	0.63	
797	zk02028	2.66	39.9	5.01	9816.4	1.33	
798	zk02029	2.64	635.3	5.44	255299.8	0.77	
799	zk02030	2.64	496.4	5.01	14373710	0.71	
800	zk02031	2.63	287.4	5.13	199336.4	0.63	
801	zk02032	2.64	246.1	5.21	175080.6	0.7	
802	zk02033	2.65	635.3	5.05	12307.2	1.88	
803	zk04001	2.65	576.1	5.27	20089.6	1.21	
804	zk04002	2.64	427.6	5.16	44352.3	1.1	
805	zk04003	2.62	20.6		21396		
806	zk04004	2.65	27.5	5.15	26092.3	1.21	
807	zk04005	2.65	71.5	5.21	8337.4	1.16	
808	zk04006	2.66	544.5	5.1	1306.4	1.49	
809	zk04007	2.66	543.1	5.4	8231.4	1.72	
810	zk04008	2.64	772.8	4.67	1982.8	1.23	粗斑花岗斑岩
811	zk04009	2.64	771.4	4.98	17338.1	1.51	
812	zk04010	2.65	23.4	5.4	2956.3	2.33	
813	zk04011	2.67	434.5	5.42	9046.7	2.2	
814	zk04012	2.66	52.3	5.27	19244	1.3	
815	zk04013	2.66	13.8	4.58	2007	1.66	
816	zk04014	2.63	19.3	4.99	901.4	1.45	
817	zk04015	2.65	12.4	5.05	4436.8	1.87	
818	zk04016	2.65	980.4	6.51	240244	0.67	
819	zk04017	2.65	53.6	5.2	21157.5	1.27	
820	zk04018	2.65	53.6	5		1.11	
821	zk04019	2.67	801.6	5.4	25120	1.4	
822	zk04020	2.65	548.6	5.53	81756.5	0.82	
823	zk04021	2.64	946	5.21	39205.6	1	
824	zk04022	2.65	701.3	4.95	225645.2	0.57	
825	zk04023	2.65	908.9	4.76	172642.9	0.56	
826	zk04024	2.64	496.4	4.98	47429	1.24	

序号	编号	密度 （g/cm³）	磁化率 （4π×10⁻⁶）	波速 （km/s）	电阻率 （Ω·m）	极化率 （%）	岩性
827	zk04025	2.65	803	5.4	125097.6	0.8	
828	zk04026	2.65	688.9	5.33	232085.3	0.57	
829	zk04027	2.65	665.5	5.33	44844.2	1.13	
830	zk04028	2.65	765.9	4.93	57833.7	0.85	
831	zk04029	2.66	745.3	5.44	103463.6	1.03	
832	zk04030	2.65	534.9	5.51	25808.8	1.31	
833	zk04031	2.65	204.9	5.21	4802.9	2.56	
834	zk04032	2.65	372.6	4.24	11680.8	1.79	
835	zk04033	2.61	20.6	5.19	2267.3	2.01	
836	zk11126	2.63	5.5	4.79		1.37	
837	zk11127	2.65	17.9	3.84	1483.1		
838	zk11128	2.65	6.9	5.04	1385.4	2.16	
839	zk11129	2.62	5.5	4.14	2154.7	1.64	
840	zk11130	2.65	9.6	4.72	3104.4	2.21	
841	zk11131	2.65	6.9	4.73	1432.8	1.91	
842	zk11132	2.66	11	4.32	868.8	1.81	粗斑花 岗斑岩
843	zk11133	2.66	6.9	5.07	1759.6	2.38	
844	zk11134	2.66	6.9	5.7		2.26	
845	zk11135	2.63	5.5	5.25	814.9	1.49	
846	zk12047	2.6	8.2	0	570.2	1.31	
847	zk12048	2.61	6.4	4.15	4061.7	1.97	
848	zk12049	2.62	4.5	4.27	2100.1	1.87	
849	zk12050	2.59	10.8	3.52	1217.2	1.81	
850	zk12051	2.65	9.3	4.12	863.9	2.98	
851	zk12052	2.65	14	4.32	1255	1.27	
852	zk12053	2.61	10.9	4.31	603.5	1.47	
853	zk12054	2.64	13.4	4.16	1843.1	1.41	
854	zk12055	2.62	5.8	4.78	5940.6	1.74	
855	zk13071	2.65	5.8	4.91	1175.5	1.65	
856	zk13072	2.64	5	4.8	3210.5	2.17	
857	zk13073	2.64	8	5	3595.2	1.91	
858	zk13074	2.64	9.1	3.96	1651.5	1.87	

续表

序号	编号	密度 （g/cm³）	磁化率 （4π×10⁻⁶）	波速 （km/s）	电阻率 （Ω·m）	极化率 （%）	岩性
859	zk13075	2.62	9.9	4.67	1165.6	1.45	粗斑花岗斑岩
860	zk13076	2.63	9.3	4.53	1638.3	1.22	
861	zk13077	2.64	7.6	4.33	2183.9	1.27	
862	zk13078	2.65	4.2	4.24	1067.8	3.02	
863	zk13079	2.66	9.8	4.91	1872.1	1.4	
864	zk13080	2.65	9.5	4.43	2208.3	1.65	
865	zk13081	2.64	7.6	4.75	2190.6	1.53	
866	zk13082	2.63	9.9	4.67	5786.2	1.74	
867	zk06053	2.58	21.1	5.44	662.8	1.79	霏细斑岩
868	zk06057	2.54	33.7	4.62	1251.4	1.76	
869	zk06059	2.42	25.4	4.58	501.5	2.44	
870	zk06060	2.55	15.7	5.24	1302.5	1.33	
871	zk06061	2.51	30.6	5.42	1190.1	1.87	
872	zk10048	2.66	675.6	4.84	18478.3	0.85	
873	zk10099	2.69	44.6		1600.7	0.92	
874	zk10100	2.69	38.3		894.8	1	
875	zk11124	2.62	5.5	5.71	1698.4	2.23	
876	zk11125	2.59	5.5	5.46	7372.2	1.44	
877	zk13069	2.71	18.5	4.48	647.8	1.47	
878	zk13084	2.76	33.9		340.5	1.55	
879	zk11137	2.77	20.6	6.5	5388.2		霏细岩
880	zk03248	2.63	89.6	4.9	51464.7	0.61	含变质角砾碎斑熔岩
881	zk03249	2.63	126	4	3965.4	1.1	
882	zk03250	2.63	111.2	5.16	24434.1	0.91	
883	zk05055	2.61	75.6	4.94	72965.8	2.14	
884	zk05056	2.55	50.9	4.76	1934.3	1.49	
885	zk05057	2.6	67.4	5.26	2303.9	1.23	
886	zk05058	2.6	60.5	5.01	9526.5	1.29	
887	zk05059	2.38	45.4	5.15	4648	1.3	
888	zk05060	2.45	41.3	4.98	611.9	1.88	
889	zk05061	2.45	33	4.78	1326.3	1.59	
890	zk05062	2.64	83.9	4.8	18866.3	0.85	

序号	编号	密度 （g/cm³）	磁化率 （4π×10⁻⁶）	波速 （km/s）	电阻率 （Ω·m）	极化率 （%）	岩性
891	zk05063	2.64	39.9	4.89	548.1	0.84	
892	zk05064	2.58	407	5.28	1496.5	2.03	
893	zk05065	2.62	165	4.95	62704.4	0.76	
894	zk05066	2.63	320.4	5.07	130709.9	0.67	
895	zk05067	2.6	354.8	4.99	25180.1	0.92	
896	zk05068	2.61	247.5	5.17	47631	0.81	
897	zk06035	2.65	234	6.52	287641.8	0.59	
898	zk06036	2.64	432	5.94	347230.3	0.53	
899	zk06037	2.64	388.8	6.19	37105.4	0.64	
900	zk06038	2.63	496.8	5.69	15223.3	0.89	
901	zk06039	2.64	439.2	6.22	94836.5	0.68	
902	zk06040	2.62	815.3	6.93	23650.1	1.32	
903	zk06041	2.63	822.5	6.75	252680.5	0.56	
904	zk06042	2.64	750.5	6.29	12156.9	0.7	
905	zk06043	2.64	307.8	6.54	60626.6	0.64	含变质 角砾碎 斑熔岩
906	zk06044	2.63	595.7	6.48	14626.3	0.65	
907	zk06045	2.62	415.8	6.17	34851.5	0.7	
908	zk06046	2.63	298.8	5.76	90101.6	0.63	
909	zk06047	2.62	417.6	6.04	37399.8	0.73	
910	zk06048	2.62	148.7	6.3	39893.1	0.91	
911	zk06049	2.63	277.2	6.67	80395	0.9	
912	zk06050	2.64	252	6.67	11803.4	0.97	
913	zk06051	2.65	50.6	5.95	20997.7	0.88	
914	zk06052	2.64	52.2	5.59	11388.8	0.73	
915	zk06054	2.57	46.4	5.93	1955.2	0.56	
916	zk06055	2.57	32.4	5.58	9305.3	1.32	
917	zk06056	2.49	35.3	5.33	825.8	1.46	
918	zk06063	2.6	30.6	6.4	4850.6	1.45	
919	zk06064	2.62	42.8	5.93	9659.2	1.13	
920	zk06065	2.63	280.8	6.02	84308.1	0.66	
921	zk06066	2.63	223.2	5.58	13044.7	0.61	
922	zk06067	2.6	228.6	5.85	56072	0.89	

续表

序号	编号	密度 （g/cm³）	磁化率 （4π×10⁻⁶）	波速 （km/s）	电阻率 （Ω·m）	极化率 （%）	岩性
923	zk06068	2.63	169	5.59	156642.1	0.57	
924	zk06069	2.63	23.8	5.85	25974.4	1.19	
925	zk06070	2.63	223.2	5.69	111003.3	0.57	
926	zk06071	2.63	345.6	5.49	196393.8	0.58	
927	zk06072	2.65	225	5.41	12136.1	0.66	
928	zk06073	2.64	115	6.04	15240.9	1.21	
929	zk06074	2.62	0	0			
930	zk10039	2.63	277	4.38	30478	1.05	
931	zk10041	2.63	251.9	4.04	26864.7	1.03	
932	zk10042	2.63	290.9	3.88	3592.2	1.08	
933	zk10043	2.63	302.1	4.22	91538.9	0.79	
934	zk10044	2.62	225.3	4.59	51271.1	1.07	
935	zk11037	2.63	112420	5.38	6999.6	0.66	含变质 角砾碎 斑熔岩
936	zk11038	2.63	52667	6.1	150491.9	0.72	
937	zk11039	2.63	137.5	5	78325.4	0.92	
938	zk11040	2.64	81.1	5.2	114115.4	0.62	
939	zk11041	2.64	118.3	5.15	38378.1	1.05	
940	zk11042	2.63	58.4	4.94	49908.6	0.87	
941	zk11043	2.63	227.6	3.73	93386.7	0.77	
942	zk11044	2.63	107.3	9.5	63365	0.7	
943	zk11045	2.63	121.7	5.64	99534.9	0.67	
944	zk11046	2.64	85.3	6.48	58879.8	0.76	
945	zk12061	2.64	184.6	5.5	279802.5	0.58	
946	zk12062	2.64	52.5	5.61	22106.5	0.8	
947	zk12066	2.64	215.5	5.67	3956.5	1.41	
948	zk12069	2.64	25.8	4.55	11987.6	1.54	
949	zk09087	2.67	85.9	4.91	1985.6	1.07	
950	zk12044	2.76	16.4	2.91	215.9	0.81	
951	zk12045	2.72	0	4.22		2.14	
952	zk10046	2.72	561.1	4.3	23262.1	1.06	灰黑色 霏细岩
953	zk10047	2.72	933.7	3.52	966.2	1.52	

序号	编号	密度 （g/cm³）	磁化率 （4π×10⁻⁶）	波速 （km/s）	电阻率 （Ω·m）	极化率 （%）	岩性
954	zk12075	2.68	98.8	4.59	2022.1	0.82	
955	zk12077	2.68	27.3	6.32	1419.5	0.91	
956	zk13004	2.75	24.2	4.51	272.4	10.93	
957	zk13005	2.7	46.9	4.13	1412.2	0.86	
958	zk12043	2.61	0	0		0.72	
959	zk12059	2.7	29.9	4.32	694.8	1.45	
960	zk12060	2.73	25.4	4.28	6694.1	5.2	
961	zk01089	2.68	521.1	5.29	166727.6	0.6	
962	zk01090	2.68	488.1	5.07	2859.3	0.87	
963	zk01091	2.69	59.1	5.09	2028.6	0.97	
964	zk01092	2.69	130.6	5.28	8692.7	0.8	
965	zk03252	2.68	138.1	4.55	31435.7		
966	zk03253	2.69	194	4.63	30447.7	1.29	
967	zk03254	2.69	435.1	4.17	96317.8	1.09	
968	zk05070	2.6	224.1	4.98	8232.7	0.94	
969	zk05071	2.6	248.9	5.02	7290.7	1.3	
970	zk05072	2.63	265.4	4.99	9764.7	1.17	
971	zk05073	2.66	246.1	4.76	6463.4	1.77	
972	zk05074	2.67	28.9	5.13	9265.3	3.48	流纹 英安岩
973	zk05075	2.67	16.5	4.96	5408	1.73	
974	zk05076	2.67	28.9	4.83	2353.9	2.96	
975	zk05077	2.67	34.4	4.98	2774.8	4.87	
976	zk05078	2.67	35.8	4.8	3266.9	4.46	
977	zk06077	2.66	279	4.71	31539.2	1.07	
978	zk06078	2.63	262.8	5.38	34909.8	1.09	
979	zk06079	2.67	22.7	5.06	4222.4	1.96	
980	zk06080	2.67	19.3	5.2	3724.8	0.74	
981	zk06081	2.67	19.6	5.23	2469.9	1.16	
982	zk06082	2.67	25.4	5.08	946.7	1.35	
983	zk07005	2.68	20.6	4.73	4389.2	4.26	
984	zk07006	2.7	59.1	4.87	14202.1	2.8	
985	zk07007	2.69	34.4	5.05	4640.8	2.1	

续表

序号	编号	密度 （g/cm³）	磁化率 （4π×10⁻⁶）	波速 （km/s）	电阻率 （Ω·m）	极化率 （%）	岩性
986	zk07008	2.61	55	4.69	354.9	1.23	
987	zk07011	2.65	30.3	4.46	601.9	1.84	
988	zk07012	2.55	39.9	3.92	309.9	1.46	
989	zk07013	2.68	28.9	4.92	1912.9	1.9	
990	zk07014	2.65	28.9	5.12	3925.4	1.41	
991	zk07015	2.71	101.8	5.01	9486.2	2.02	
992	zk07017		34.4	5.2			
993	zk07018	2.66	24.8	4.82	16310.7	1.18	
994	zk07019		11	4.99			
995	zk07020	2.71	12.4	4.31	972.3	3.78	
996	zk07021	2.7	12.4	4.86	1163.7	2.97	
997	zk07022	2.68	9.6	4.92	1216.2	2.65	
998	zk07023	2.67	9.6	4.65	2266.9	2.25	
999	zk07024	2.75	8.3	4.15	1120.1	1.88	
1000	zk07025	2.7	12.4	4.81	601.2	1.82	
1001	zk07026	2.72	8.3	0	1139.5	4.24	流纹 英安岩
1002	zk07027	2.75	12.4	4.83	1796.7	1.75	
1003	zk07028	2.73	12.4	4.82	1276.4	5.68	
1004	zk07029	2.61	13.8	4.04	308.2	1.24	
1005	zk07030	2.73	11	4.75	1183.1	1.32	
1006	zk07031	2.71	11	5.09	15424.5	1.48	
1007	zk07032	2.71	11	4.47	872.9	1.63	
1008	zk08115	2.68	108	5.08	6831.2	1.32	
1009	zk08116	2.7	56	5.39	1730.6	2.52	
1010	zk08117	2.68	50	5.14	1389.2	1.01	
1011	zk08118	2.71	42	4.6	10936.9	1.12	
1012	zk08119	2.68	122	5.68	3007.1	0.96	
1013	zk08120	2.7	68	5.38	2314	4.38	
1014	zk08121	2.72	66	5.29	1043.5	3.89	
1015	zk08122	2.67	50	5.03	1510.3	0.71	
1016	zk08123	2.68	220	5.29	1194	0.73	
1017	zk08124	2.7	44	5.16	881.6	0.98	

序号	编号	密度 （g/cm³）	磁化率 （4π×10⁻⁶）	波速 （km/s）	电阻率 （Ω·m）	极化率 （%）	岩性
1018	zk08125	2.71	50	4.89	5739.3	0.91	
1019	zk08126	2.69	90	5.56	2161.1	3.3	
1020	zk08127	2.68	46	5.05	2712.7	2.75	
1021	zk08128	2.69	74	5.14	1285.1	3.58	
1022	zk08129	2.71	40	4.75	3305.7	1.04	
1023	zk08130	2.7	48	4.86	23762.6	4.08	
1024	zk09079	2.68	944.9	4.56	1266.8	1.38	
1025	zk09080	2.67	92	4.74	1410.4	2.26	
1026	zk09081	2.68	24.4	4.74	5428.9	2.52	
1027	zk09082	2.67	25.9	3.65	3777.1	1.98	
1028	zk09083	2.68	19	5.01	10593.4	3.35	
1029	zk09084	2.69	24.2	5.02	7033.3	3.06	
1030	zk09085	2.7	24.3	4.27	532.4	0.91	
1031	zk09086	2.69	19.5	5.17	10105.8	3.42	
1032	zk09088	2.71	26.8	5.08	1880.5	1.26	
1033	zk09089	2.68	20.6	4.44	3036.1	2.08	流纹 英安岩
1034	zk09090	2.68	17.6	5.27	7897.6	2.15	
1035	zk09091	2.69	22.7	4.58	528.6	1.05	
1036	zk09092	2.71	16.2	4.72	8357.9	2.8	
1037	zk09093	2.7	21.5	4.76	1671.6	1.17	
1038	zk09094	2.72	21	5.08	16268	2.99	
1039	zk09095	2.69	17.3	5.01	679.6	1.36	
1040	zk09096	2.71	16.2	4.89	1259.1	1.51	
1041	zk09097	2.69	15.3	4.56	1951.1	2.72	
1042	zk09098	2.7	15.5	4.64	853.5	3.27	
1043	zk09099	2.69	14.7	4.3	322.5	1.31	
1044	zk09100	2.69	21	4.92	3631.7	2.49	
1045	zk09101	2.75	10.3	4.53	1322.7	3.44	
1046	zk09102	2.68	13	4.62	558.5	0.93	
1047	zk09103	2.69	18.3	4.94	1325.3	1.39	
1048	zk09104	2.71	20.3	5.04	3535.1	2.24	
1049	zk09105	2.69	52.6	4.64	676.7	1.17	

续表

序号	编号	密度 （g/cm³）	磁化率 （4π×10⁻⁶）	波速 （km/s）	电阻率 （Ω·m）	极化率 （%）	岩性
1050	zk09106	2.67	15.4	5.08	3096.2	1.6	
1051	zk09107	2.68	18.2	4.77	5941.7	1.08	
1052	zk09108	2.7	18	4.86	2861.3	1.31	
1053	zk09109	2.67	18.5	4.49	2325.3	3.18	
1054	zk09110	2.67	13.4	5.11	955.8	2.49	
1055	zk09111	2.71	15.6	4.81	4413.6	1.54	
1056	zk09112	2.69	17.4	4.47	3893	1.28	
1057	zk09113	2.65	19.8	4.61	1727.4	0.77	
1058	zk09114	2.59	13.5	4.36	139.9	3.43	
1059	zk09115	2.7	15.2	4.5	1772.2	3.04	
1060	zk09116	2.71	15	4.43	1446.4	3.61	
1061	zk09117	2.71	16.2	4.2	479.1	5.15	
1062	zk09118	2.76	24.8	4.76	1151.9	1.01	
1063	zk09119	2.67	15	4.94	3711.2	1.57	
1064	zk09120	2.73	25.9	4.89	1378.5	1.25	
1065	zk09121	2.76	22.8	4.22	1078.9	3.62	流纹 英安岩
1066	zk09122	2.75	13.1	4.95	715.7	22.6	
1067	zk09123	2.88	20.4	4.31	16.4	1.19	
1068	zk09124	2.68	18.8	4.67	2555.3	0.87	
1069	zk09125	2.7	18.9	4.37	1247.6	1.22	
1070	zk09126	2.68	19.3	5.51	5135	0.88	
1071	zk09127	2.74	11.7	5.15	1993.6	5.69	
1072	zk09128	2.73	13	5.07	495.8	1.39	
1073	zk09129	2.63	9.4	4.59	755.7	2.46	
1074	zk09130	2.71	8.6	4.77	1304.8	0.74	
1075	zk09131	2.68	13.3	5.15	19539.1	1.59	
1076	zk09132	2.63	9	4.84	1309.7	1.07	
1077	zk09133	2.72	7.3	8.77	1952.1	1.22	
1078	zk09134	2.69	8.5	5.02	1283.9	2.77	
1079	zk09135	2.77	7	4.52	1123.7	6.62	
1080	zk09144	2.75	78.8	4.63	1110	1.02	
1081	zk09145	2.75	23.3	5.11	1028.9	1.18	

序号	编号	密度 （g/cm³）	磁化率 （4π×10⁻⁶）	波速 （km/s）	电阻率 （Ω·m）	极化率 （%）	岩性
1082	zk09146	2.74	9.5	4.27	2071.1	1.24	
1083	zk10045	2.59	1207.1	4.53	2923.2	3.3	
1084	zk10049	2.67	2091.4	4.87	222795.1	0.73	
1085	zk10050	2.66	1180.2	5.39	145354.7	0.78	
1086	zk10051	2.65	1595.6	5.33	29790.5	1.15	
1087	zk10052	2.67	1712.3	5.18	214615	0.77	
1088	zk10053	2.68	1370.6	4.39	236113.9	0.73	
1089	zk10054	2.68	89.5	5.55	195170.6	0.65	
1090	zk10055	2.68	9.5	4.85	268974.6	0.74	
1091	zk10056	2.68	23.6	4.59	233661.6	0.84	
1092	zk10057	2.68	42.2	4.7	337558.7	0.94	
1093	zk10058	2.67	49.3	5.04	18748.5	0.92	
1094	zk10059	2.67	39	4.83	285419.3	0.81	
1095	zk10060	2.67	8.1	5.12	181585.2	1.07	
1096	zk10061	2.69	8.8	5.11	292007.2	0.88	
1097	zk10062	2.69	10.2	5.08	260505.8	0.84	
1098	zk10063	2.68	9.5	5.04	81940.1	1.41	流纹英安岩
1099	zk10064	2.7	13.4	5.17	139093.1	1.33	
1100	zk10065	2.66	126.9	4.64	237424.6	0.83	
1101	zk10066	2.69	11.4	5.33	226585.8	0.91	
1102	zk10067	2.67	33.2	4.77	190010.5	0.83	
1103	zk10068	2.68	11.6	5.39	399783.7	0.7	
1104	zk10069	2.7	12.3	5.22	20577.2	1.79	
1105	zk10070	2.72	12.5	5.38	35933.3	1.87	
1106	zk10071	2.7	56.9	4.75	24684.6	2.87	
1107	zk10072	2.68	20.6	5.15	25846.3	1.24	
1108	zk10073	2.7	2264.9	5.09	166305.1	0.76	
1109	zk10074	2.7	19.3	5.33	97071	1.37	
1110	zk10083	2.7	42.5		3684.7	1.34	
1111	zk10084	2.71	19.6		73823.2	1.16	
1112	zk10085	2.69	23.7		1985.8	0.87	
1113	zk10086	2.7	22.9		2960.1	1.37	

续表

序号	编号	密度 （g/cm³）	磁化率 （4π×10⁻⁶）	波速 （km/s）	电阻率 （Ω·m）	极化率 （%）	岩性
1114	zk10087	2.66	17.4		1885.8	0.74	
1115	zk10088	2.72	13.8		2996.4	4.9	
1116	zk10089	2.69	37.2		461.8	0.72	
1117	zk10090	2.72	15.2		2271.7	0.79	
1118	zk10106	2.67	582.1		23276.7	1.27	
1119	zk10107	2.69	54		1927.6	1.06	
1120	zk10108	2.58	34.4		1705.7	0.74	
1121	zk10116	2.68	58.5		3811.6	0.82	
1122	zk10117	2.71	52.2		7040	0.85	
1123	zk10118	2.7	33.3		6372.7	0.92	
1124	zk10119	2.7	38.6		4980.6	3.2	
1125	zk10120	2.72	52		3994.2	1.8	
1126	zk10121	2.72	10.8		3035.2	0.76	
1127	zk10128	2.71	22.9		6408.3	0.65	
1128	zk10129	2.73	36.6		5819.2	1.46	
1129	zk10130	2.69	22.2		5343.4	0.74	流纹 英安岩
1130	zk10131	2.67	13.2		1253.1	0.97	
1131	zk10132	2.69	43.2		1557	1.03	
1132	zk10133	2.72	25.8		4493.7	0.64	
1133	zk10150	2.72	6.8		786.4	2.56	
1134	zk10151	2.7	272.9		44540.8	0.91	
1135	zk10152	2.67	204.5		10787.5	1.05	
1136	zk11047	2.68	502.6	6.37	71933.9	0.56	
1137	zk11048	2.65	36.4	4.89	1595.6	1.34	
1138	zk11049	2.58	33.7	5.38	1458.1	1.43	
1139	zk11050	2.59	26.8	6.85	828.4	1.53	
1140	zk11051	2.65	40.6	5.19	1088.2	1.08	
1141	zk11052	2.56	18.6	4.44	402	1.67	
1142	zk11053	2.59	23.4	4.63	500.5	2.59	
1143	zk11054	2.56	19.3	4.92	507.9	3.25	
1144	zk11055	2.67	30.3	5.52	3280	1.47	
1145	zk11056	2.69	25.4	5.89	683.7	2.16	

序号	编号	密度 （g/cm³）	磁化率 （4π×10⁻⁶）	波速 （km/s）	电阻率 （Ω·m）	极化率 （%）	岩性
1146	zk11057	2.68	27.2	6.41	4173	4.62	
1147	zk11058	2.67	23.9	5.73	2737.9	1.91	
1148	zk11059	2.62	22.4	5.47	704.7	1.43	
1149	zk11060	2.63	28.3	5.43	760.9	1.43	
1150	zk11061	2.69	32.6	6	6133.2	5.02	
1151	zk11062	2.69	34.2	5.9	4308.7	4.07	
1152	zk11063	2.67	35.8	6.75	3567.2	1.89	
1153	zk11064	2.68	42.4	6	3184	2.82	
1154	zk11065	2.67	40.9	5.74	2569.2	1.2	
1155	zk11066	2.67	31.8	6.13	2777.3	4.12	
1156	zk11067	2.68	35.6	5.29	3139.7	3.94	
1157	zk11068	2.7	33.4	6.29	2479	5.54	
1158	zk11069	2.69	30	5.33	2021.2	5.47	
1159	zk11070	2.68	32.2	4.89	1378.5		
1160	zk11071	2.68	33.4	5.76	2486.6	3.62	
1161	zk11072	2.63	24.8	4.75	1046.3	2.46	流纹 英安岩
1162	zk11073	2.64	31.5	5.08	1125.3	1.49	
1163	zk11074	2.68	29.4	5.02	2461.9	3.28	
1164	zk11075	2.68	45.7	5.24	2640.9	4.88	
1165	zk11076	2.69	41.9	5.59	2998.5	4.99	
1166	zk11077	2.68	44.2	4.96	2377.9	3.72	
1167	zk11078	2.69	39.5	5.78	2732.4	5.8	
1168	zk11079	2.69	24.7	4.96	1515.1	3.31	
1169	zk11080	2.7	26.3	5.19	1435	4.08	
1170	zk11081	2.69	26.8	5.24	1602.5	2.65	
1171	zk11082	2.7	24.1	4.83	743.2	3.64	
1172	zk11083	2.69	26.4	5.46	795.5	2.24	
1173	zk11084	2.68	21.2	3.84	572.6	1.1	
1174	zk11085	2.68	23.8	5.83	1406.5	2.05	
1175	zk11086	2.7	24.2	5.23	1124.5	2.07	
1176	zk11087	2.7	15.6	4.65	722.3	3.42	
1177	zk11088	2.7	12.2	5.22	744.3	2.68	

续表

序号	编号	密度（g/cm³）	磁化率（4π×10⁻⁶）	波速（km/s）	电阻率（Ω·m）	极化率（%）	岩性
1178	zk11089	2.7	11	5.19	548.6	2.02	
1179	zk11090	2.7	17.8	4.83	426.4	2.01	
1180	zk11091	2.69	25	5.63	811.9	1.82	
1181	zk11092	2.69	12	4.98	587.6	2	
1182	zk11093	2.7	23.4	4.99	505.4	1.4	
1183	zk11094	2.71	20.3	4.69	830.8	2.36	
1184	zk11095	2.71	18.6	5.21	654.4	2.51	
1185	zk11096	2.7	17.9	5.16	945.9	2.97	
1186	zk11097	2.7	11.4	4.28	633.2	2.87	
1187	zk11098	2.7	25.8	4.95	437.4	1.05	
1188	zk11099	2.7	20.8	5.15	744.1	1.28	
1189	zk11100	2.68	26.5	5.33	1453.7	1.44	
1190	zk11101	2.67	14.5	5.02	382.5	0.94	
1191	zk11102	2.68	11.2	5.01	429.4	0.88	
1192	zk11103	2.7	10	5.48	543.7	1.5	
1193	zk11104	2.69	12	5.07	639.9	2.16	流纹英安岩
1194	zk11105	2.7	9.9	5.42	789.9	1.79	
1195	zk11106	2.71	12.1	5.19	553.2	3.79	
1196	zk11107	2.71	8.9	5.24	1074.6	2.31	
1197	zk11108	2.7	6.3	5.01	364.8	1.13	
1198	zk11109	2.68	5.4	4.71	386.1	0.76	
1199	zk11110	2.67	8.3	5			
1200	zk11111	2.68	16.5	5.82			
1201	zk11112	2.7	6.9	4.98			
1202	zk11114	2.74	11	4.73			
1203	zk11115	2.72	19.3	5.11			
1204	zk11116	2.71	6.9	5.58	639.8	1.68	
1205	zk11117	2.73	11	4.78	328.3	2.17	
1206	zk11118	2.71	9.6	6	916.9	0.9	
1207	zk11119	2.71	12.4	5.56	2841.7	0.85	
1208	zk11120	2.7	22	5.38	1939	1.22	
1209	zk11121	2.69	27.5	7.07	709.6	1.01	

序号	编号	密度 （g/cm³）	磁化率 （4π×10⁻⁶）	波速 （km/s）	电阻率 （Ω·m）	极化率 （%）	岩性
1210	zk12001	2.65	18.5	4.22	454.6	0.99	
1211	zk12002	2.65	21.3	4.48	790.3	1.46	
1212	zk12003	2.65	11.4	3.44	723.9	1.71	
1213	zk12004	2.66	6.8	3.92	1994.2	1.89	
1214	zk12007	2.68	40.2	5	1698.1	2.2	
1215	zk12008	2.68	40.1	5.04	528.4	0.91	
1216	zk12009	2.69	34.1	4.67	2388	6.53	
1217	zk12010	2.7	46.3	4.67	629.9	0.86	
1218	zk12011	2.68	100.6	4.94	12489.9	1.81	
1219	zk12012	2.68	58.9	4.64	1866.5	1.26	
1220	zk12013	2.67	1193.9	5.22	40462.8	1.65	
1221	zk12014	2.69	61.3	4.86	1289.1	1.62	
1222	zk12015	2.69	59.2	4.83	1487.8	1.69	
1223	zk12016	2.67	35.6	5.51	15444.8	1.7	
1224	zk12017	2.67	986	5.1	4251.5	0.86	
1225	zk12018	2.67	597.1	4.69	13196.7	2.69	流纹 英安岩
1226	zk12019	2.64	54.3	5.02	3191	7.4	
1227	zk12020	2.67	85.9	4.67	7270.5	1.98	
1228	zk12021	2.68	87.6	4.32	1592	0.81	
1229	zk12022	2.64	170.8	4.8	7575.2	2.95	
1230	zk12023	2.5	57.8	4.49	2151.5	3.72	
1231	zk12024	2.65	141.4	4.86	45418.3	1.4	
1232	zk12025	2.65	89.6	4.94	9605.5	2.15	
1233	zk12026	2.66	242.7	4.76	4508.1	1.08	
1234	zk12027	2.68	278.4	5.38	1796.3	0.91	
1235	zk12028	2.71	19.7	3.9	198	0.67	
1236	zk12029	2.66	35.5	5.28	3996.7	2.71	
1237	zk12030	2.66	856.1	5.28	14956.2	2.8	
1238	zk12031	2.66	1081.8	5.33	32237.6	1.57	
1239	zk12032	2.65	969.6	5.44	37224.2	0.85	
1240	zk12033	2.69	62.5	4.84	674.9	1.2	
1241	zk12034	2.68	89.6	5.28	11270.3	1.9	

序号	编号	密度 （g/cm³）	磁化率 （4π×10⁻⁶）	波速 （km/s）	电阻率 （Ω·m）	极化率 （%）	岩性
1242	zk12035	2.68	917	4.67	3735.5	1.27	
1243	zk12036	2.67	67.7	4.52	1721.9	0.99	
1244	zk12037	2.68	592.7	4.61	22099.2	0.99	
1245	zk12038	2.69	195.2	4.15	1172.1	0.97	
1246	zk12039	2.68	266	4.67	1928.7	1.02	
1247	zk12040	2.66	782.2	5.28	4802.2	0.99	
1248	zk12041	2.66	19.1	4.06	841.4	3.76	
1249	zk12042	2.62	25.1	4.76	1148.6	2.52	
1250	zk12057	2.71	1225.6	5.49	6360.5	1.31	
1251	zk12058	2.69	99.6	4.92	7831.7	1.08	
1252	zk12071	2.71	85.4	5.4	2149.2	1.42	
1253	zk13006	2.73	40.6	4.26	629.2	1.37	
1254	zk13007	2.7	42.3	5.33	2770	0.67	
1255	zk13008	2.7	52	4.52	681.1	1.42	
1256	zk13009	2.72	52.1	4.53	2001.7	0.92	
1257	zk13010	2.71	50.4	5.92	1950.7	2.93	流纹 英安岩
1258	zk13011	2.8	26.6	4.25	702.3	1.24	
1259	zk13012	2.71	39.3	5.05	500.8	0.8	
1260	zk13013	2.7	37.2	4.59	2512.9	1.3	
1261	zk13014	2.76	28.5	5.13	2507.4	0.96	
1262	zk13015	2.78	18.2	5.1	431.8	1.05	
1263	zk13016	2.71	28.9	4.77	897.5	1	
1264	zk13017	2.74	36.6	4.64	912	1.04	
1265	zk13018	2.68	41.8	5.19	2848	2.9	
1266	zk13019	2.71	45.7	4.67	760.1	1.04	
1267	zk13020	2.71	58.8	4.79	611.8	1.31	
1268	zk13021	2.71	59.4	4.96	1304.4	3.28	
1269	zk13022	2.69	88.2	4.76	975.5	2.46	
1270	zk13023	2.71	91.3	5.03	1668.7	3.23	
1271	zk13024	2.69	58.6	4.61	274.9	1.14	
1272	zk13025	2.7	104	4.43	617.5	0.68	
1273	zk13026	2.71	52.2	4.8	919.8	0.89	

序号	编号	密度 （g/cm³）	磁化率 （4π×10⁻⁶）	波速 （km/s）	电阻率 （Ω·m）	极化率 （%）	岩性
1274	zk13027	2.72	54	4.86	3558.5	1.04	
1275	zk13028	2.7	55.1	4.79	603.2	1.42	
1276	zk13029	2.7	27.8	4.51	270.5	1.09	
1277	zk13030	2.69	37.5	4.79	668.4	0.97	
1278	zk13031	2.69	54.9	5.14	1538.4	1.87	
1279	zk13032	2.71	44.8	4.73	1316.4	3.55	
1280	zk13033	2.7	52	4.73	674.3	2.99	
1281	zk13034	2.7	38.6	4.36	399.7	1.04	
1282	zk13035	2.7	36.8	4.73	736.6	1.12	
1283	zk13036	2.69	43.1	4.62	772.6	1.01	
1284	zk13037	2.7	39	4.71	1003.8	2.37	
1285	zk13038	2.69	66.1	4.81	1036.8	1.35	
1286	zk13039	2.69	56	4.3	1407.6	2.77	
1287	zk13040	2.66	78.5	4.44	1182	1.04	
1288	zk13041	2.69	45.4	5.13	2009.4	1.56	
1289	zk13042	2.68	67.8	4.81	1418.6	1.12	流纹英安岩
1290	zk13043	2.66	65.8	4.06	2093.6	1.26	
1291	zk13044	2.67	114.4	5.06	37787.7	0.93	
1292	zk13045	2.69	30.9	4.75	2628.9	2.48	
1293	zk13046	2.69	22	5.2	1320.8	3.02	
1294	zk13047	2.67	41.6	3.83	751.6	1.02	
1295	zk13048	2.67	46.8	4.05	273.6	5.69	
1296	zk13049	2.69	40.1	5.49	5181.7	8.34	
1297	zk13050	2.7	50.8	4.67	1070.7	1.18	
1298	zk13051	2.68	18.4	5.44		1.43	
1299	zk13052	2.69	54.5	5.33	1344.7	2.56	
1300	zk13053	2.67	77.5	4.93	2985	2.25	
1301	zk13054	2.65	28.3	4.8	810.6	1.19	
1302	zk13055	2.66	29.2	4.36	1657.5	1.65	
1303	zk13056	2.68	43.4	4.46	435	0.78	
1304	zk13057	2.7	34.6	5.54	1488.7	3.57	
1305	zk13058	2.71	41.6	4.48	495.3	1.84	

序号	编号	密度 （g/cm³）	磁化率 （4π×10⁻⁶）	波速 （km/s）	电阻率 （Ω·m）	极化率 （%）	岩性
1306	zk13059	2.68	64.9	5.4	620.3	1.24	
1307	zk13060	2.68	82.2	5.07	2226.4	0.77	
1308	zk13061	2.68	35.2	5.08	641.6	0.99	
1309	zk13062	2.7	39.9	4.59	1093.8	1.82	
1310	zk13063	2.72	36.6	5	1523.8	2.58	
1311	zk13064	2.68	22.8	4.4	1596.5	0.73	
1312	zk13065	2.69	21.5	4.69	748.3	2.14	
1313	zk13086	2.7	68.1		2257.9	2.92	流纹 英安岩
1314	zk13087	2.71	103.6		2388	5.5	
1315	zk13088	2.71	176.2		6715	3.93	
1316	zk13089	2.71	51.5		2800.4	4.57	
1317	zk13090	2.72	72.6		3903.8	4.2	
1318	zk13091	2.72	73.9		1267.8	2.15	
1319	zk13092	2.71	81.7		2211.5	1.33	
1320	zk13093	2.71	82.2		677.8	1.15	
1321	zk10114	2.59	21.2		1595.6	1.78	弱红化 碎斑熔岩
1322	zk10122	2.57	24.2		8899.5	1.16	
1323	zk02034	2.76	16.5	4.07	196.5	1.14	
1324	zk03251	2.73	295.5	4.83	66707.2	0.97	
1325	zk04034	2.66	0	5	131126.4	0.58	
1326	zk05069	2.74	15.1	5.02	710.8	5.16	
1327	zk10077	2.75	33.3	4.64	25912	1.29	
1328	zk10078	2.71	30.1	4.32	7202	0.99	
1329	zk10082	2.68	31	4.04	539.1	0.66	
1330	zk11122	2.76	6.9	5.19	164.6	4.35	隐爆角 砾岩
1331	zk11123	2.76	13.8	2.31	1738.4	1.04	
1332	zk11136	2.76	24.8	5.45		1.89	
1333	zk12046	2.76	20.5	3.62	96.5	1.16	
1334	zk12056	2.75	41.2	4.92	2054.1	3.64	
1335	zk12067	2.71	75.7	4.89	34268.9	1.17	
1336	zk12068	2.66	35.3	5.12	741.3	0.96	
1337	zk12070	2.71	82.1	5.07	5379.2	1.44	

续表

序号	编号	密度 （g/cm³）	磁化率 （4π×10⁻⁶）	波速 （km/s）	电阻率 （Ω·m）	极化率 （%）	岩性
1338	zk12072	2.73	33.6	5.13	6125	1.42	隐爆角砾岩
1339	zk12073	2.7	34.4	5.17	3716.8	2.07	
1340	zk12074	2.71	33.4	4.89	3318.3	1.75	
1341	zk12076	2.75	31.5	5.33	9214.4	1.61	
1342	zk12078	2.79	26.7	5.11	1375.7	1.57	
1343	zk13066	2.76	22.6	0		0.98	
1344	zk13067	2.75	22.1	3.5	86.4	0.84	
1345	zk13068	2.77	17.3	4.24	18194.1	1.37	
1346	zk13070	2.72	31.4	4.67	1474.9	0.95	
1347	zk13083	2.72	16.1		1100	1.05	
1348	zk13085	2.7	73.6		1492.5	1.49	
1349	zk06058	2.64	21.6	5.52	930.5	0.72	隐爆碎屑岩
1350	zk11113	2.7	9.6	4.56			铀矿石
1351	zk06075	2.58	67	6	2432.2	2.08	紫红色碎粒碎粉岩

B) 地表采集标本物性测量数据表

序号	编号	密度 （g/cm³）	磁化率 （4π×10⁻⁶）	波速 （km/s）	电阻率 （Ω·m）	极化率 （%）	岩性
1	G001	2.59	143.5	4.00	1839	0.42	含花岗质团块碎斑熔岩
2	G002	2.59	180.8	4.69	1595	0.46	
3	G003	2.59	247.1	3.81	2747	0.63	
4	G004	2.61	328.2	4.33	3273	1.17	
5	G006	2.60	12.4	4.00	506	0.81	
6	G007	2.55	109.9	4.51	1398	0.43	
7	G008	2.59	154.4	4.29	1283	0.70	
8	G010	2.52	153.5	3.59	1434	1.12	
9	G011	2.55	216.7	4.62	1474	0.55	
10	G012	2.60	126.5	5.14	1206	0.57	
11	G013	2.59	213.3	4.06	3645	0.71	
12	G015-1	2.62	15.1	3.90	596	1.97	

续表

序号	编号	密度 （g/cm³）	磁化率 （4π×10⁻⁶）	波速 （km/s）	电阻率 （Ω·m）	极化率 （%）	岩性
13	G015-2	2.58	15.7	3.95	378	1.51	
14	G016	2.35	15.2	2.80	569	4.42	
15	G055	2.71	21.3	4.53	1534	1.77	
16	G056	2.63	207.0	4.12	1154	0.97	
17	G057	2.59	132.8	4.07	1552	0.98	
18	G058	2.61	177.6	4.28	2898	1.41	
19	G059	2.61	283.9	4.36	33566	0.99	
20	G060-1	2.60	372.4	4.36	2680	0.98	
21	G060-2	2.62	266.2	4.65	3442	0.73	
22	G061	2.61	200.3	4.94	6414	1.64	
23	G063	2.61	224.8	4.76	2274	0.84	
24	G064	2.63	242.7	4.72	8621	0.79	
25	G065-1	2.59	227.8	4.40	1473	0.72	含花岗 质团块 碎斑熔岩
26	G065-2	2.61	173.6	9.64	1549	0.72	
27	G066	2.62	177.2	5.04	2627	0.45	
28	G067	2.62	170.1	3.58	5248	0.67	
29	G068	2.62	132.1	4.42	2096	0.79	
30	G069	2.62	305.4	4.56	2289	1.07	
31	G070-1	2.63	94.6	4.67	4098	1.36	
32	G070-2	2.62	7.3	4.37	4156	1.71	
33	G071-1	1.69	384.5	4.35	4960	1.08	
34	G071-2	2.62	353.0	5.90	3656	1.36	
35	G072	2.61	47.8	4.67	6212	0.59	
36	G073-1	2.61	193.9	3.64	1141	1.01	
37	G073-2	2.61	288.7	3.64	753	1.10	
38	G074	2.57	33.9	4.39	1423	1.87	
39	G017	2.34	15.4	3.38	201	2.51	
40	G018	2.53	18.7	5.33	777	2.05	
41	G019	2.48	9.7	3.78	667	3.58	二云母 千枚岩
42	G020	2.65	27.3	5.11	771	2.41	
43	G021	2.61	19.9	5.02	1567	1.84	
44	G022-1	2.58	28.6	4.75	1848	3.61	

序号	编号	密度 （g/cm³）	磁化率 （4π×10⁻⁶）	波速 （km/s）	电阻率 （Ω·m）	极化率 （%）	岩性
45	G022-2	2.58	26.5	3.73	2274	1.32	
46	G023	2.69	20.1	3.84	3517	1.24	
47	G024	2.56	22.8	5.08	1423	3.80	
48	G025	2.58	19.8	3.94	2130	3.86	
49	G026	2.49	19.0	4.08	904	4.34	
50	G027	2.53	19.4	3.63	271	2.52	
51	G028	2.67	21.1	4.37	808	1.62	
52	G029	2.74	29.1	4.92	3099	0.32	
53	G034	2.60	26.0	2.75	3846	0.71	
54	G037	2.70	32.6	4.41	873	1.46	
55	G038	2.64	11.6	3.00	2880	1.25	
56	G039-1	2.74	42.6	4.56	7200	1.41	
57	G039-2	2.75	42.9	5.45	3621	1.13	二云母 千枚岩
58	G040	2.59	18.2	3.61	496	2.01	
59	G041	2.68	22.5	3.56	497	1.46	
60	G042	2.59	61.0	4.17	1735	1.06	
61	G043	2.66	6.0	4.08	2720	1.12	
62	G044-2	2.55	6.4	3.91	2116	1.14	
63	G045	2.71	14.7	6.44	932	1.29	
64	G046	2.71	130.9	5.08	3531	1.41	
65	G048	2.71	22.9	4.33	759	2.08	
66	G049	2.57	16.8	4.00	401	2.89	
67	G050	2.72	21.8	4.48	926	1.19	
68	G051	2.62	28.8	4.12	893	2.07	
69	G052	2.58	10.2	5.25	972	2.58	
70	G053	2.56	12.0	3.17	154	2.25	
71	G054	2.59	23.6	3.93	1718	2.25	
72	G030	2.64	40.3	3.57	2649	0.44	
73	G031	2.64	23.9	4.58	2446	0.59	
74	G032	2.62	20.4	4.17	1385	1.07	粗斑二长 花岗斑岩
75	G033-1	2.63	26.1	4.09	2215	0.97	
76	G033-2	2.63	18.4	4.00	2714	1.02	

序号	编号	密度 （g/cm³）	磁化率 （4π×10⁻⁶）	波速 （km/s）	电阻率 （Ω·m）	极化率 （%）	岩性
77	G044-1	2.55	9.3	3.48	2354	1.17	紫红色粉砂岩夹凝灰岩
78	G075	2.63	34.0	4.17	4822	1.12	
79	G077	2.61	333.7	4.24	2865	0.78	
80	G078	2.43	279.7	3.45	1837	0.07	
81	G079-1	2.60	475.8	3.26	1884	0.85	
82	G079-2	2.61	309.0	4.20	1657	0.87	
83	G080	2.63	166.9		2642	0.59	
84	G081	2.60	282.0		2069	1.19	
85	G082	2.60	99.4		2959	1.50	
86	G083	2.57	17.3		2292	0.80	
87	G084	2.58	52.9		2241	1.41	
88	G085	2.60	103.0		3278	1.14	
89	G086	2.58	9.9		2317	0.94	
90	G087	2.57	38.5		1206	1.72	
91	G089	2.61	9.3		1557	0.69	含变质岩角砾碎斑熔岩
92	G090	2.62	18.9		106	0.47	
93	G091	2.61	39.4		2751	0.58	
94	G092	2.61	18.5		2502	0.52	
95	G093	2.61	15.9		3446	1.46	
96	G095	2.61	23.9		3116	0.43	
97	G096	2.62	11.0		2469	0.88	
98	G097-1	2.61	91.3		3706	1.09	
99	G097-2	2.62	16.0		4444	0.44	
100	G098-1	2.62	29.8		1739	0.51	
101	G098-2	2.62	24.3		2364	0.63	
102	G099-2	2.59	8.9		1734	1.20	
103	G100-1	2.63	13.6		4288	0.57	
104	G100-2	2.62	9.6		5257	0.67	
105	G101	2.62	21.4		6347	0.46	
106	G102-1	2.63	9.5		2138	0.42	

序号	编号	密度（g/cm³）	磁化率（4π×10⁻⁶）	波速（km/s）	电阻率（Ω·m）	极化率（%）	岩性
107	G102-2	2.62	6.7		1739	0.50	
108	G103-1	2.62	12.3		2955	0.65	
109	G103-2	2.62	12.7		2014	0.64	
110	G104-1	2.59	205.3		4048	0.62	
111	G104-2	2.61	32.7		2472	0.40	
112	G105	2.63	10.6		2472	0.39	
113	G106	2.61	12.2		1802	0.68	
114	G107	2.62	12.0		1806	0.40	含变质岩角砾碎斑熔岩
115	G108	2.60	25.2		3288	0.78	
116	G109	2.57	138.1		931	0.63	
117	G110-1	2.62	13.3		4828	1.03	
118	G110-2	2.62	14.4		3950	0.85	
119	G111	2.62	7.2		1925	0.73	
120	G112-1	2.62	11.0		1613	2.17	
121	G112-2	2.62	12.3		8191	0.90	
122	G113	2.75	20.9		3243	0.85	
123	BZ01	2.75	27.1	2.84	2018	1.15	变质砂岩
124	BZ02	2.73	24.0	3.38	7094	1.3	
125	BZ03	2.81	31.0	4.42	4894	1.01	
126	BZ04	2.80	26.4	4.40	4066	1.17	
127	BZ05	2.82	29.2	4.54	13204	3.44	
128	BZ06	2.77	16.9	4.94	10698	0.9	
129	BZ07	2.80	31.9	4.75	4626	2.85	
130	BZ08	2.76	19.1	4.81	4899	1.71	
131	BZ09	2.79	26.4	4.79	19309	1.43	绢云石英片岩
132	BZ10	2.79	26.3	4.23	2641	2.92	
133	BZ11	2.79	28.1	3.60	3150	3.38	
134	BZ12	2.77	24.9	4.80	29086	1.33	
135	BZ16	2.72	26.4	4.07	23644	0.88	
136	BZ17	2.78	30.5	3.78	5534	2.13	
137	BZ25	2.75	20.8	4.14	2641	0.66	
138	BZ26	2.77	26.1	4.53	3390	3.56	

序号	编号	密度 （g/cm³）	磁化率 （4π×10⁻⁶）	波速 （km/s）	电阻率 （Ω·m）	极化率 （%）	岩性
139	BZ27	2.74	19.8	4.84	48628	1	
140	BZ28	2.79	25.3	4.70	30372	1.53	绢云石 英片岩
141	BZ29	2.78	30.0	4.26	2996	1.11	

附录三 广东下庄花岗岩型铀矿田岩石物性测量数据表

A）钻孔岩心标本物性测量数据表

序号	编号	密度（g/cm³）	磁化率（4π×10⁻⁶）	波速（km/s）	电阻率（Ω·m）	极化率（%）	岩性
1	zk00101	2.94	471	4.33	249519	3.08	
2	zk00102	2.95	543	4.57	16944	1.52	
3	zk10401	2.96	855	4.65	26867	3.26	
4	zk10403	2.98	1216	4.51	91978	2.03	
5	zk15101	2.69	12532	3.34	588	0.19	
6	zk15605	2.97	546	4.70	1371717	17.93	
7	zk15606	2.95	433	4.38	79181	0.45	
8	zk15607	2.98	742	4.46	135019	0.70	
9	zk15608	2.92	342	4.37	109168	0.86	
10	zk15609	2.94	379	4.25	20624	0.32	
11	zk15610	2.95	472	4.45	263650	3.20	
12	zk19102	2.96	916	4.25	33691	5.54	
13	zk19103	2.85	538	4.32	2917	1.07	
14	zk19104	2.81	592	3.96	254	6.20	辉绿岩
15	zk19105	2.95	627	4.70	271335	3.92	
16	zk19106	2.96	560	4.70	167486	2.40	
17	zk19201	2.96	1042	4.51	69854	4.08	
18	zk19202	3.00	954	4.39	33049	1.35	
19	zk19301	3.00	1051	4.65	11179	6.71	
20	zk19302	2.68	619	3.70	644	1.87	
21	zk19303	2.47	385	3.28	42	0.45	
22	zk20201	2.92	841	4.42	14602	1.34	
23	zk20203	2.92	1003	4.22	16722	1.93	
24	zk20204	2.92	864	4.49	5671	0.72	
25	zk20301	2.96	5497	4.25	9138	2.28	
26	zk20302	2.99	1150	4.51	124705	3.86	
27	zk20303	2.83	762	3.90	120854	5.36	

续表

序号	编号	密度 （g/cm³）	磁化率 （4π×10⁻⁶）	波速 （km/s）	电阻率 （Ω·m）	极化率 （%）	岩性
28	zk20304	2.97	1157	4.52	4177	3.34	
29	zk20305	2.82	802	3.86	13350	1.74	
30	zk20306	2.82	1195	3.89	29336	4.27	
31	zk20401	2.76	883	3.35	510	0.53	
32	zk20402	2.91	8210	4.26	1260	3.57	
33	zk20403	2.87	1063	4.11	3228	4.63	
34	zk20404	2.82	616	4.11	2718	3.40	
35	zk20501	2.80	313	3.61	681	4.21	
36	zk20502	2.97	1391	5.35	7346	1.80	
37	zk20503	2.79	557	3.28	507	0.48	
38	zk20504	2.90	1127	3.67	1146	3.14	
39	zk20505	2.84	874	3.31	386	4.49	
40	zk20506	2.97	1313	4.45	13655	3.37	
41	zk20507	2.87	570	4.34	574	6.05	
42	zk20508	3.00	688	4.28	8635	0.76	
43	zk20509	2.89	782	3.84	919	0.65	辉绿岩
44	zk20510	3.02	1440		16021	1.49	
45	zk21201	2.93	1003	4.61	959091	12.32	
46	zk21202	2.91	1596	4.95	703387	10.30	
47	zk21209	2.95	740	4.60	717800	7.01	
48	zk21301	2.81	854	4.21	102371	4.78	
49	zk21302	2.82	781	4.24	158659	4.19	
50	zk21303	2.84	628	4.36	149718	1.49	
51	zk21304	3.04	1008	4.64	47813	5.49	
52	zk21305	2.98	1367	4.44	272130	6.06	
53	zk21306	2.97	1022	0.00	340235	3.86	
54	zk22101	2.98	1218	4.30	36556	3.00	
55	zk22201	2.96	750	4.48	997653	18.37	
56	zk22202	3.00	538	4.21	36362	4.97	
57	zk22203	2.95	474	4.23	83152	48.05	
58	zk22204	2.94	20756	4.25	1550	4.07	
59	zk22301	2.78	1075	3.59	466	5.05	

续表

序号	编号	密度 (g/cm³)	磁化率 (4π×10⁻⁶)	波速 (km/s)	电阻率 (Ω·m)	极化率 (%)	岩性
60	zk24101	2.81	2034	4.22	3585	6.95	辉绿岩
61	zk24102	2.81	2459	4.23	6129	4.22	
62	zk24103	2.93	4457	4.11	1345	2.29	
63	zk30401	2.70	346	3.17	187	3.95	
64	zk70107	2.76	2142	3.67	86	1.35	
65	zk70108	2.83	12856	3.36	77	0.56	
66	zk70111	2.99	1560	4.45	52893	4.38	
67	zk70112	2.96	0	4.36	4500	1.50	
68	zk70203	2.85	747	4.15	2250	4.38	
69	zk70204	2.57	1332	2.89			
70	zk71101	2.96	631	0.00			
71	zk71102	2.97	1048	4.47	7000	1.35	
72	zk15305	2.61	13	3.06	397	0.50	中粒花岗岩
73	zk19003	2.50	10	2.44	119	−0.35	
74	zk20101	2.58	25	4.18	481	0.37	
75	zk19203	2.62	43	4.37	3793	0.27	中粒黑云母花岗岩
76	zk19204	2.60	36	4.39	4172	0.40	
77	zk19205	2.58	37	4.36	2650	0.29	
78	zk19206	2.62	35	3.75	723	0.31	中粒黑云母花岗岩
79	zk19207	2.61	35	4.53	4001	0.41	
80	zk19208	2.61	35	4.53	3619	0.34	
81	zk20307	2.63	23	4.16	15123	0.65	
82	zk21001	2.57	39	4.20	1442	0.94	
83	zk21002	2.60	54	4.55	2035	0.23	
84	zk21003	2.60	34	4.16	1491	0.30	
85	zk30101	2.64	312	4.47	8946	0.70	
86	zk30102	2.63	202	4.13	5938	0.54	
87	zk54101	2.64	156	2.96	2227	0.14	
88	zk54102	2.61	164	4.21	1281	0.21	
89	zk54103	2.63	180	2.33	1113	0.23	
90	zk54104	2.63	125	5.88	1521	0.43	

续表

序号	编号	密度 （g/cm³）	磁化率 （4π×10⁻⁶）	波速 （km/s）	电阻率 （Ω·m）	极化率 （%）	岩性
91	zk10402	2.58	22	4.36	11750	0.84	
92	zk10404	2.60	25	3.65	708	−0.23	
93	zk10405	2.59	30	3.93	4028	−0.64	
94	zk10406	2.58	27	3.22	947	−0.48	
95	zk10407	2.57	25	3.70	901	−0.28	
96	zk15601	2.55	14	4.11	1178	0.34	
97	zk15602	2.54	39	3.59	816	0.39	
98	zk15603	2.58	33	2.53	231	0.41	
99	zk15604	2.58	37	4.55	3197	0.42	
100	zk19001	2.69	77	4.39	4798	0.76	
101	zk19002	2.69	77	4.39	4798	0.76	
102	zk19004	2.61	76	3.50	1493	0.38	
103	zk19005	2.62	69	4.13	4209	0.42	
104	zk19006	2.64	54	4.28	2635	0.36	
105	zk19007	2.64	40	4.58	11632	0.39	
106	zk19008	2.62	40	5.22	7970	0.57	中粒二 云母花 岗岩
107	zk19009	2.63	47	4.48	12378	0.65	
108	zk19010	2.81	50	4.70	12087	0.64	
109	zk19101	2.57	67	3.82	2701	0.39	
110	zk20202	2.59	32	3.79	662	0.31	
111	zk20308	2.62	23	4.54	15747	0.65	
112	zk21101	2.53	21	2.72	418	0.66	
113	zk21102	2.54	59	3.21	218	0.24	
114	zk21103	2.56	134	3.22	540	0.54	
115	zk21203	2.56	25	3.06	195	−0.36	
116	zk21204	2.56	19	2.70	262	−0.24	
117	zk21205	2.56	23	3.49	406	−0.32	
118	zk21206	2.59	39	2.81	614	−0.34	
119	zk21207	2.55	93	3.12	956	0.88	
120	zk21208	2.57	141	3.93	2240	0.76	
121	zk21210	2.56	29	3.34	2336	−0.81	
122	zk22102	2.54	97	2.81	624	0.50	

序号	编号	密度 （g/cm³）	磁化率 （4π×10⁻⁶）	波速 （km/s）	电阻率 （Ω·m）	极化率 （%）	岩性
123	zk22103	2.59	72	3.67	811	0.50	
124	zk22104	2.59	73	3.86	1152	0.37	
125	zk22205	3.02	46	4.08	139618	−5.32	
126	zk23101	2.56	35	3.39	2205	−0.60	
127	zk23102	2.56	35	3.39	2205	−0.60	
128	zk23103	2.61	46	3.91	590	−0.21	
129	zk23104	2.59	53	4.28	611	−0.16	
130	zk23105	2.55	42	3.64	636	−0.28	
131	zk23106	2.60	43	4.19	834	−0.32	
132	zk23107	2.58	51	3.27	790	−0.38	
133	zk23108	2.63	41	3.89	502	−0.18	
134	zk23109	2.59	56	3.47	895	−0.26	
135	zk23110	2.62	33	3.96	607	−0.27	
136	zk23111	2.60	32	4.24	795	−0.28	
137	zk23112	2.56	42	4.65	634	−0.44	
138	zk23113	2.66	42	3.59	581	−0.28	中粒二云母花岗岩
139	zk23114	2.61	37	4.08	355	−0.26	
140	zk23901	2.60	52	3.72	315	−0.37	
141	zk23902	2.60	27	3.17	369	−0.42	
142	zk27601	2.60	13	2.97	837	−0.44	
143	zk27602	2.58	17	2.95	567	−0.53	
144	zk30201	2.57	44	4.07	982	0.28	
145	zk30202	2.58	30	3.81	2258	0.63	
146	zk30203	2.59	44	3.90	4240	0.40	
147	zk70101	2.50	68	3.94	6650	0.74	
148	zk70102	2.56	117	3.60	2618	0.81	
149	zk70103	2.58	98	3.76	3601	0.87	
150	zk70104	2.58	129	4.43	14580	0.99	
151	zk70105	2.59	113	4.28	5824	0.97	
152	zk70106	2.58	133	3.70	6166	0.89	
153	zk70109	2.58	22	3.18	346	−0.30	
154	zk70110	2.54	52	2.70	158	−0.22	

续表

序号	编号	密度 (g/cm³)	磁化率 (4π×10⁻⁶)	波速 (km/s)	电阻率 (Ω·m)	极化率 (%)	岩性
155	zk70201	2.59	53	4.19	5948	0.47	中粒二云母花岗岩
156	zk70202	2.59	68	4.19	3330	0.42	
157	zk19011	2.78	139	3.76	4478	0.67	构造带上岩石
158	zk19016	2.48	149	3.37	101	0.22	
159	zk19018	2.65	151	3.11	60	0.23	
160	zk15301	2.61	12	4.60	3390	1.12	构造硅化带上岩石
161	zk15302	2.59	11	4.31	15179	1.03	
162	zk19015	2.59	61	2.42	104	0.27	
163	zk19017	2.68	74	3.75	439	0.25	
164	zk19020	2.54	24	2.47	100	0.23	
165	zk19023	2.6	6	3.75	6364	0.75	
166	zk20205	2.71	5	2.92	4484	0.47	
167	zk15303	2.61	12	3.40	461	0.43	
168	zk15304	2.62	13	3.62	1319	1.10	
169	zk19012	2.6	26	1.98	100	0.24	
170	zk19013	2.6	85	3.13	144	0.21	
171	zk19014	2.59	56	2.79	60	0.21	
172	zk19019	2.54	108	2.49	80	0.28	
173	zk19021	2.61	135	2.04	43	0.21	
174	zk19022	3.01	721	4.27	55143	3.36	
175	zk19024	2.8	12	3.92	46310	0.90	
176	zk19025	2.62	160	3.53	7035	0.35	
177	zk20206	2.62	−2	4.04	30569	0.54	石英硅化岩
178	zk70113	2.54	78	3.89	2081	0.72	构造碎屑岩
179	zk70205	2.53	160	2.89	484		

B) 地表采集标本物性参数汇总表

序号	编号	密度 (g/cm³)	磁化率 (4π×10⁻⁶)	波速 (km/s)	电阻率 (Ω·m)	极化率 (%)	岩性
1	B01	2.65	128	4.00	6197	1.75	变质岩
2	B02	2.70	123	4.27	594	1.99	

序号	编号	密度 （g/cm³）	磁化率 （4π×10⁻⁶）	波速 （km/s）	电阻率 （Ω·m）	极化率 （%）	岩性
3	B03	2.66	123	4.00	7465	1.97	
4	B04	2.60	143	4.40	349	0.50	
5	B05	2.63	108	3.47	129	0.21	
6	B06	2.69	175	3.25	10711	1.83	
7	B07	2.69	155	3.90	15053	1.01	
8	B08	2.68	140	3.09	14470	0.90	
9	B09	2.61	51	3.68	4996	2.25	
10	B10	2.68	176	3.22	5368	1.12	
11	B11	2.68	86	3.31	9666	1.72	
12	B12	2.59	50	3.32	3116	1.50	
13	B13	2.70	84	4.07	11465	2.39	
14	B14	2.63	67	3.43	1166	1.09	
15	B15	2.68	121	3.04	30679	1.86	
16	B16	2.63	217	3.78	1637	1.01	
17	B17	2.61	120	2.76	859	1.34	
18	B18	2.56	41	2.99	539	0.47	变质岩
19	B19	2.63	166	2.85	3029	1.46	
20	B20	2.63	143	3.10	1568	1.23	
21	B21	2.64	40	3.33	7859	7.79	
22	B22	2.72	120	3.47	685	0.33	
23	B23	2.65	39	3.25	8454	7.38	
24	B24	2.67	80	3.85	6192	0.98	
25	B25	2.59	97	2.99	4570	1.83	
26	B26	2.56	49	3.96	817	1.14	
27	B27	2.57	33	3.19	2868	2.49	
28	B28	2.64	65	3.96	3332	0.99	
29	B29	2.52	37	3.46	1166	1.05	
30	B30	2.57	38	2.87	880	1.24	
31	B31	2.57	1755	2.94	2377	1.51	
32	B32	2.58	46	3.42	2678	2.12	
33	B33	2.58	29	2.94	3021	2.19	
34	B34	2.59	21	3.10	4431	2.82	

续表

序号	编号	密度 （g/cm³）	磁化率 （4π×10⁻⁶）	波速 （km/s）	电阻率 （Ω·m）	极化率 （%）	岩性
35	B35	2.64	111	3.31	405	0.63	
36	B36	2.61	173	3.23	1137	1.05	
37	B37	2.57	56	3.66	941	1.38	
38	B38	2.62	169	3.33	1073	0.93	变质岩
39	B39	2.53	14	3.05	1290	0.94	
40	B40	2.69	73	3.00	5617	1.42	
41	B41	2.60	39	3.84	4168	0.90	
42	B42	2.60	42	3.64	6548		

C）矿坑采集标本物性测量数据表

序号	编号	密度 （g/cm³）	磁化率 （4π×10⁻⁶）	波速 （km/s）	电阻率 （Ω·m）	极化率 （%）	岩性
1	sh01	2.58	6	3.47	1668	6.21	
2	sh02	2.60	4	3.64	7543	7.07	
3	sh04	2.58	17	2.93	1045	2.25	
4	sh05	2.58	20	2.73	1554	3.47	
5	sh06		0	0.00	545	0.77	
6	sh08	2.62	28	3.09	667	2.37	
7	sh11	2.59	14	2.64	302	1.87	
8	sh12	2.57	14	3.14	4045	6.34	
9	sh14	2.58	25	3.35	572	4.03	
10	sh16	2.60	30	3.10	898	2.97	中细粒 二云母 花岗岩
11	sh18	2.59	7	3.88	555	3.94	
12	sh20	2.59	21	2.99	1813	3.44	
13	sh21	2.57	11	3.20	780	2.86	
14	sh22	2.59	8	0.00			
15	sh26	2.60	20	3.23	1286	2.72	
16	sh28	2.58	32	1.88	562	2.31	
17	sh30	2.58	13	2.50	2072	8.14	
18	sh31	2.61	22	3.15	625	1.39	
19	sh38	2.57	10	2.78	605	2.63	
20	sh40	2.59	63	3.51	483	2.46	

序号	编号	密度 （g/cm³）	磁化率 （4π×10⁻⁶）	波速 （km/s）	电阻率 （Ω·m）	极化率 （%）	岩性
21	sh46	2.60	12	3.16	186	3.23	
22	sh50	2.60	55	3.10	452	2.01	
23	sh55	2.58	31	3.59	159	0.56	
24	sh57	2.54	42	2.76	79	3.10	
25	sh58	2.57	27	3.20	415	3.13	
26	sh59	2.57	9	3.80	1010	3.08	
27	sh60	2.58	20	3.64	820	1.55	
28	sh61	2.62	33	3.33	715	3.63	
29	sh62	2.57	21	3.16	596	3.18	
30	sh63	2.60	30	3.22	239	1.35	
31	sh64	2.60	18	3.71	279	2.57	
32	sh65	2.56	24	2.86	185	1.86	
33	sh66	2.60	19	3.72	1145	4.54	
34	sh67	2.57	20	3.59	999	4.07	
35	stl01	2.61	22	4.13	26972	0.69	中细粒 二云母 花岗岩
36	stl02	2.86	28	3.96	8920	0.39	
37	stl03	2.60	32	4.46	4493	0.36	
38	stl04	2.59	26	4.38	2851	0.39	
39	stl05	2.60	27	4.19	2151	0.38	
40	stl06	2.60	28	3.79	6111	0.66	
41	stl07	2.61	26	3.96	9486	0.66	
42	stl08	2.59	21	3.01	10572	0.28	
43	stl09	2.60	32	4.07	11205	0.56	
44	stl10	2.60	32	4.40	9695	0.49	
45	stl11	2.61	32	4.68	5308	0.51	
46	stl15	2.61	8	3.40	4077	0.92	
47	stl16	2.60	15	3.93	12476	0.67	
48	stl17	2.61	23	4.00	20623	0.63	
49	stl18	2.60	33	5.25	3727	0.45	
50	stl23	2.61	25	4.00	19947	0.68	
51	stl24	2.60	27	4.00	4988	0.51	
52	stl26	2.60	25	4.42	7560	0.49	

续表

序号	编号	密度 （g/cm³）	磁化率 （4π×10⁻⁶）	波速 （km/s）	电阻率 （Ω·m）	极化率 （%）	岩性
53	stl27	2.60	23	4.17	1466	0.26	
54	stl29	2.63	7	3.77	8839	0.44	
55	stl30	2.60	32	4.29	11549	0.50	
56	stl31	2.60	22	4.20	1904	0.34	
57	stl33	2.58	28	4.15	757	0.25	
58	stl34	2.60	27	4.00	7801	0.46	
59	stl35	2.60	30	4.36	1944	0.52	
60	stl39	2.61	30	3.08	5181	0.47	
61	stl40	2.62	10	3.39	4808	0.57	
62	stl41	2.60	29	4.48	10481	0.42	
63	stl42	2.59	13	3.41	4726	0.74	
64	stl43	2.61	31	3.83	11704	0.64	
65	stl45	2.60	19	3.17	4281	0.65	
66	stl46	2.62	18	3.67	1458	0.16	
67	stl49	2.62	12	3.63	929	0.52	
68	stl52	2.62	9	3.67	7039	0.53	中细粒 二云母 花岗岩
69	stl52A	2.62	25	2.58	2052	0.56	
70	stl53	2.61	22	4.05	8070	0.62	
71	stl54	2.62	33	4.53	5953	0.54	
72	stl55	2.63	25	3.79	5722	0.50	
73	stl57	2.63	14	4.17	1410	0.76	
74	stl58	2.62	18	4.76	2010	0.27	
75	stl59	2.62	23	3.69	19192	0.50	
76	stl61	2.62	12	4.11	8581	0.63	
77	stl62	2.63	22	4.15	11140	0.64	
78	stl65	2.63	13	4.31	1229	0.74	
79	stl66	2.62	11	3.25	11102	0.73	
80	stl67	2.63	19	4.05	10387	0.68	
81	stl74	2.62	24	4.67	14607	0.45	
82	stl75	2.62	19	4.42	14779	0.57	
83	stl76	2.62	24	3.89	10076	0.50	
84	stl77	2.61	19	4.04	1682	0.19	

序号	编号	密度 （g/cm³）	磁化率 （4π×10⁻⁶）	波速 （km/s）	电阻率 （Ω·m）	极化率 （%）	岩性
85	sh03	2.60	7	2.65	6543	5.00	中粒二云母花岗岩
86	sh07	2.60	20	2.34	1972	4.07	
87	sh09	2.61	20	3.50	1277	2.94	
88	sh10	2.61	21	3.07	993	2.87	
89	sh13	2.61	24	0.00	1064	1.49	
90	sh15	2.60	13	3.37	2674	1.23	
91	sh17	2.60	26	2.85	2239	4.15	
92	sh19	2.60	12	3.60	1408	0.87	
93	sh23	2.60	12	3.72	1102	2.13	
94	sh24	2.60	17	3.48	1275	2.35	
95	sh25	2.61	14	3.77	1952	2.49	
96	sh27	2.60	30	3.48	1184	3.14	
97	sh29	2.61	13	3.17	3630	4.43	
98	sh32	2.61	40	4.09	228	3.43	
99	sh33	2.60	19	3.23	2364	1.19	
100	sh34	2.60	12	3.71	3420	5.26	
101	sh35	2.60	20	2.22	719	2.15	
102	sh36	2.60	17	3.34	1923	1.01	中粒二云母花岗岩
103	sh37	2.59	8	3.22	807	4.87	
104	sh39	2.60	25	3.43	1194	0.69	
105	sh41	2.62	24	4.07	1080	1.29	
106	sh42	2.62	23	3.66	6646	2.95	
107	sh43	2.60	19	3.54	3005	1.87	
108	sh44	2.60	24	3.52	1872	0.86	
109	sh45	2.61	10	3.39	709	1.06	
110	sh47	2.61	26	3.22	2071	2.15	
111	sh48	2.60	21	3.01	4215	4.43	
112	sh49	2.61	40	3.09	1936	3.78	
113	sh51	2.61	33	3.33	1357	2.09	
114	sh52	2.60	9	3.50	1633	2.27	
115	sh53	2.60	20	0.00			
116	sh54	2.60	22	3.48	2198	3.56	

续表

序号	编号	密度 （g/cm³）	磁化率 （4π×10⁻⁶）	波速 （km/s）	电阻率 （Ω·m）	极化率 （%）	岩性
117	sh56	2.63	21	3.33	4582	4.81	
118	stl12	2.59	15	2.93	6712	0.52	
119	stl13	2.61	22	4.00	1764	0.34	
120	stl14	2.59	18	3.74	5846	0.52	
121	stl19	2.61	20	3.27	948	0.42	
122	stl21	2.59	19	4.03	6257	0.56	
123	stl22	2.60	21	3.36	4492	0.46	中粒二 云母花 岗岩
124	stl25	2.58	7	3.86	9400	0.73	
125	stl28	2.58	16	3.95	2747	0.53	
126	stl32	2.58	13	3.77	5388	0.33	
127	stl36	2.60	21	3.18	2823	0.76	
128	stl37	2.59	16	3.67	6973	0.41	
129	stl38	2.61	21	3.85	1610	0.24	
130	stl44	2.61	25	4.24	9114	0.55	
131	stl20	2.58	8	3.74	5371	0.53	
132	stl47	2.61	27	4.14	5253	0.44	
133	stl48	2.63	7	3.56	1529	0.73	
134	stl50	2.62	25	3.78	13594	0.59	
135	stl51	2.63	10	13.20	2112	0.93	
136	stl56	2.62	14	12.69	1694	0.19	
137	stl60	2.62	36	4.38	8215	0.47	中粗粒 二云母 花岗岩
138	stl63	2.63	9	3.60	970	0.50	
139	stl64	2.62	27	3.84	3649	0.47	
140	stl68	2.79	20	4.36	13566	0.73	
141	stl69	2.62	31	4.00	11477	0.48	
142	stl70	2.63	18	4.13	1440	1.17	
143	stl71	2.62	32	3.74	5775	0.45	
144	stl72	2.61	16	4.13	7879	0.67	
145	stl73	2.63	16	4.03	1120	0.91	
146	stl78	2.62	15	4.76	6805	0.63	

附录四 陕西商州–丹凤–商南地区铀矿床物性
测量数据表

A）纸房沟铀矿床

序号	编号	密度 （g/cm³）	磁化率 （4π×10⁻⁶）	电阻率 （Ω·m）	极化率 （%）	岩性	备注
1	18_01	3.00	460	2555	3.75	伟晶花岗岩	钻孔
2	18_03	2.71	490	1825	9.60		钻孔
3	18_04	2.86	2140	3654	44.84	片麻岩	钻孔
4	18_05	2.77	190	5387	9.76		钻孔
5	18_06	2.60	290	1813	10.40	含矿片麻岩	钻孔
6	18_07	2.80	270	6426	13.24	片麻岩	钻孔
7	18_08	3.84	240	5343	12.25		钻孔
8	18_09	3.08	900	93191	15.16		钻孔
9	18_10	3.17	960	26170	17.32		钻孔
10	18_11	2.61	10	2306	5.49	伟晶花岗岩	钻孔
11	18_12	3.30	190	2088	6.73		钻孔
12	18_13	2.74	250	7705	12.69	片麻岩	钻孔
13	18_14	3.10	180	6049	13.76		钻孔
14	18_15	2.73	770	6699	31.67		钻孔
15	18_16	2.66	200	5273	9.23		钻孔
16	18_17	2.64	50	9852	5.90	脉体	钻孔
17	18_18	2.79	200	7864	12.54	片麻岩	钻孔
18	18_20	3.01	410	19076	5.16	脉体	钻孔
19	18_21	2.59	20	6723.4	9.60	片麻岩	钻孔
20	18_22	2.59	10	5104	5.02	伟晶花岗岩	钻孔
21	18_23	2.60	0	901	2.72	花岗岩	钻孔
22	18_24	2.61	10	8543	8.05		钻孔
23	18_25	2.60	10	11658	7.59		钻孔
24	18_26	2.58	0	33293	9.79		钻孔
25	18_27	2.72	180	842	2.24		钻孔
26	18_28	2.60	10	2325	2.69		钻孔

续表

序号	编号	密度 (g/cm³)	磁化率 (4π×10⁻⁶)	电阻率 (Ω·m)	极化率 (%)	岩性	备注
27	18_29	2.80	550	23093	35.88		钻孔
28	18_30	2.65	10	126892	9.05		钻孔
29	18_31	2.64	20	41109	10.67		钻孔
30	18_32	2.65	60	6429	7.91	花岗岩	钻孔
31	18_33	2.61	0	43047	10.52		钻孔
32	18_34	2.62	20	27854	9.73		钻孔
33	18_35	2.62	20	28011	10.69		钻孔
34	18_36	2.62	40	2683	7.71		钻孔
35	18_37	2.59	10	3014	4.03		钻孔
36	18_39	2.57	10	2037	5.99		钻孔
37	18_40	2.62	0	54990	11.15	伟晶花岗岩	钻孔
38	18_41	2.63	30	80867	8.32		钻孔
39	18_42	2.63	50	6077	8.08		钻孔
40	18_43	2.58	10	95193	8.28		钻孔
41	18_44	2.79	240	6539	9.97	混合岩化	钻孔
42	18_45	2.80	260	5437	8.23	片麻岩	钻孔
43	18_46	2.64	10	63142	7.14	脉体	钻孔
44	18_47	2.82	310	3351	5.88		钻孔
45	18_49	3.02	550	1544	12.36		钻孔
46	18_51	2.90	380	7721	6.76	片麻岩	钻孔
47	18_53	2.80	240	11470	12.60		钻孔
48	18_55	2.79	640	5132	19.54		钻孔
49	18_56	2.74	140	3420	3.62	混合岩化	钻孔
50	18_57	2.80	320	156317	24.75		钻孔
51	18_58	2.77	310	10176	12.41		钻孔
52	18_59	2.58	0	2095	11.59	片麻岩	钻孔
53	18_60	2.58	10	41829	8.20		钻孔
54	18_61	2.59	30	5852	8.20		钻孔
55	32_01	2.72	60	32135	8.93		钻孔
56	32_02	2.60	50	8344	8.37		钻孔
57	32_03	2.59	10	27678	11.00	伟晶花岗岩	钻孔
58	32_04	2.58	50	6174	8.84		钻孔

序号	编号	密度 （g/cm³）	磁化率 （4π×10⁻⁶）	电阻率 （Ω·m）	极化率 （%）	岩性	备注
59	32_05	2.69	220	5116	8.96		钻孔
60	32_06	2.87	210	47972	6.64		钻孔
61	32_07	2.85	180	5029	14.99		钻孔
62	32_08	2.81	170	921	1.90		钻孔
63	32_09	2.73	480	782	10.46	片麻岩	钻孔
64	32_10	2.38	180	813	8.78		钻孔
65	32_11	2.77	170	5395	4.55		钻孔
66	32_12	2.73	170	14876	10.33		钻孔
67	32_13	2.79	210	4109	6.30		钻孔
68	32_14	2.96	370	13442	13.49		钻孔
69	32_15	2.61	20	573320	9.38	伟晶花岗岩	钻孔
70	32_16	3.17	20	12072	8.21	脉体	钻孔
71	32_17	2.81	290	6432	10.43		钻孔
72	32_18	2.63	20	13045	8.67		钻孔
73	32_19	2.65	240	11257	11.76		钻孔
74	32_20	2.77	190	12481	9.68	片麻岩	钻孔
75	32_21	2.65	250	20403	8.22		钻孔
76	32_22	2.80	410	6328	6.00		钻孔
77	32_23	2.85	310	7694	7.13		钻孔
78	32_24	2.86	270	45951	12.07		钻孔
79	32_25	2.65	60	12168	11.01	伟晶花岗岩	钻孔
80	32_26	2.65	40	18761	10.35		钻孔
81	32_27	2.86	50	11647	12.11	伟晶花岗岩	钻孔
82	32_28	2.59	450	11789	8.11		钻孔
83	32_29	2.66	100	90547	13.55		钻孔
84	32_30	2.95	400	323	2.28	片麻岩	钻孔
85	32_31	2.72	260	55992	14.75		钻孔
86	32_32	2.63	120	391	7.70		钻孔
87	32_33	2.92	170	8112	7.47		钻孔
88	32_35	3.01	430	19484	7.71	伟晶花岗岩	钻孔
89	32_36	2.58	20	3512	39.30		钻孔
90	32_37	2.59	0	4799	41.71		钻孔

续表

序号	编号	密度 （g/cm³）	磁化率 （4π×10⁻⁶）	电阻率 （Ω·m）	极化率 （%）	岩性	备注
91	32_38	2.63	10	6059	5.38		钻孔
92	32_39	1.98	20	60933	6.80	伟晶花岗岩	钻孔
93	32_40	2.59	10	16391	9.13		钻孔
94	32_41	2.66	10	6826	7.03		钻孔
95	32_42	2.68	20	491	19.57	片麻岩	钻孔
96	32_43	2.64	70	48816	10.04		钻孔
97	32_44	2.59	1860	30632	9.27		钻孔
98	32_45	3.02	330	561.2	8.54	伟晶花岗岩	钻孔
99	32_46	2.62	30	54566	8.50		钻孔
100	32_47	2.61	10	28998	10.04		钻孔
101	32_48	2.76	40	572	21.19	片麻岩	钻孔
102	32_49	2.64	2390	331800	10.89	脉体	钻孔
103	32_50	2.90	10	417	9.44	片麻岩	钻孔
104	32_51	2.80	670	196606	10.91	脉体	钻孔
105	32_52	2.68	360	207	4.70	片麻岩	钻孔
106	32_53	2.57	2160	2968	7.50	脉体	钻孔
107	32_54	2.78	10	10515	5.11	片麻岩	钻孔
108	32_55	3.32	20	17335	7.75	脉体	钻孔
109	32_56	2.87	370	957	4.58		钻孔
110	32_57	4.86	180	1990	5.58		钻孔
111	32_58	2.64	60	27752	28.02		钻孔
112	32_59	2.78	220	10473	5.13		钻孔
113	32_60	3.09	630	8728	2.07		钻孔
114	32_61	3.08	550	32455	16.52	片麻岩	钻孔
115	32_62	2.76	120	5786	4.71		钻孔
116	32_63	2.62	320	993	157.00		钻孔
117	32_64	2.70	480	36587	13.03		钻孔
118	32_65	3.00	390	17301	3.77		钻孔
119	32_66	3.65	370	27142	14.35		钻孔

B）小花岔铀矿床

序号	编号	密度（g/cm³）	磁化率（4π×10⁻⁶）	电阻率（Ω·m）	极化率（%）	岩性	备注
1	23_01	2.58	2	17673	5.00	伟晶花岗岩	钻孔
2	23_02	2.61	2	9771	3.05	伟晶花岗岩	钻孔
3	23_06	2.79	388	13741	3.85		钻孔
4	23_07	2.63	90	3478	3.00		钻孔
5	23_08	2.72	228	3377	7.31		钻孔
6	23_09	2.73	201	6537	1.00	片麻岩	钻孔
7	23_10	2.70	165	2884	2.63		钻孔
8	23_11	3.04	266	29489	1.91		钻孔
9	23_12	3.02	2	31028	8.00		钻孔
10	23_13	2.90	620	6595	1.04	角闪片麻岩	钻孔
11	23_14	2.62	288	6298	6.16	角闪岩	钻孔
12	23_15	2.72	579	2330	1.99		钻孔
13	23_19	2.68	1	52434	8.54	片麻岩	钻孔
14	23_20	2.60	599	387805	14.18	伟晶花岗岩	钻孔
15	23_22	3.04	630	29557	4.13	角闪岩	钻孔
16	23_25	2.67	145	60563	6.31	片麻花岗岩	钻孔
17	23_26	4.23	58	89600	6.25	片麻岩	钻孔
18	23_27	2.67	57	93043	6.00	片麻花岗岩	钻孔
19	23_29	2.65	4287	144520	10.07	肉红色花岗岩	钻孔
20	23_31	2.66	1072	398834	14.02		钻孔
21	23_32	2.67	3357	127175	10.89		钻孔
22	23_34	2.64	2	77344	4.62	片麻花岗岩	钻孔
23	23_36	2.65	2	176003	10.22		钻孔
24	23_37	2.65	332	291513	7.00		钻孔
25	B807_01	2.78	228	46578	22.41	片麻岩	槽坑
26	B807_02	2.62	201	45437	12.00	伟晶花岗岩	钻孔
27	B807_03	2.71	165	60386	9.37	片麻岩	钻孔
28	B807_04	2.63	266	33567	17.13	角闪岩	钻孔
29	B807_05	2.79	2	62060	8.00	片麻岩	钻孔
30	B807_08	2.71	579	78221	10.00		钻孔
31	B807_09	2.71	373	64913	27.71	片麻岩	钻孔

续表

序号	编号	密度（g/cm³）	磁化率（4π×10⁻⁶）	电阻率（Ω·m）	极化率（%）	岩性	备注
32	B807_10	3.05	539	63957	21.45	角闪岩	钻孔
33	B807_11	2.63	634	230650	18.58		钻孔
34	B807_12	2.65	1	45443	3.95	伟晶花岗岩	钻孔
35	B807_13	2.64	599	117598	8.12		钻孔
36	B807_14	2.74	673	6083	5.32	片麻岩	钻孔
37	B807_15	2.60	630	62636	7.32	伟晶花岗岩	钻孔
38	B807_17	2.66	57	166943	10.10		钻孔
39	B807_20	3.04	57	138553	9.40	角闪片麻岩	钻孔
40	B807_21	2.73	90	8620	9.60	片麻岩	钻孔
41	B807_23	3.05	2563	106357	6.99	角闪片麻岩	钻孔
42	B807_24	2.64	1072	34125	15.87	伟晶花岗岩	钻孔
43	B807_26	2.65	3443	50540	24.83		钻孔
44	B807_27	2.77	2	22018	13.18	片麻岩	钻孔
45	B807_28	3.05	2	10944	6.46	角闪岩	钻孔
46	B807_30	2.68	332	8547	4.04	片麻花岗岩	钻孔
47	B807_31	2.66	11	96696	8.77		钻孔
48	B807_32	2.66	388	117108	7.60		钻孔
49	B15_01	2.65	90	62568	8.00		钻孔
50	B15_05	2.62	266	15950	6.00	伟晶花岗岩	钻孔
51	B15_08	2.65	288	25768	8.00	片麻花岗岩	钻孔
52	B15_09	2.62	579	182679	7.00		钻孔
53	B15_11	2.62	539	11867	8.00		钻孔
54	B15_12	2.64	634	13736	7.00		钻孔
55	B15_14	3.07	599	42023	6.00	角闪岩	钻孔
56	B15_15	2.77	673	45538	9.31	片麻岩	钻孔
57	B15_22	2.63	90	62600	6.00	伟晶花岗岩	钻孔
58	B15_25	2.71	1072	54790	7.00	片麻岩	钻孔
59	B15_26	2.73	3357	56949	9.00		钻孔
60	B15_27	2.64	3443	28809	4.26	伟晶花岗岩	钻孔
61	B15_28	2.50	2	117952	5.00	片麻岩	钻孔
62	B15_29	2.66	2	127918	6.00	片麻花岗岩	钻孔
63	B15_33	2.65	388	39915	9.00	片麻岩	钻孔

序号	编号	密度 （g/cm³）	磁化率 （4π×10⁻⁶）	电阻率 （Ω·m）	极化率 （%）	岩性	备注
64	B15_34	2.59	90	5785	7.70	伟晶花岗岩	钻孔
65	B15_37	2.60	165	94048	9.22	肉红色伟晶花岗岩	钻孔
66	B15_38	2.65	266	18638	8.00	片麻花岗岩	钻孔
67	M01_01	2.62	288	49879	3.93	细粒花岗岩	钻孔
68	M01_02	2.64	579	14977	6.00		钻孔
69	M01_05	2.68	634	39762	10.00		钻孔
70	M01_06	2.64	1	83997	9.89		钻孔
71	M01_07	2.74	599	33897	16.80	片麻岩	钻孔
72	M01_08	2.63	673	31426	11.25	细粒花岗岩	钻孔
73	M01_09	2.64	630	18082	9.58		钻孔
74	M01_11	2.74	57	92013	9.20	片麻岩	钻孔
75	M01_12	3.09	145	1075443	90.76	角闪岩	钻孔
76	M01_13	2.60	58	112642	8.80	脉体	钻孔
77	M01_14	2.62	57	7072	8.59		钻孔
78	M01_15	3.06	90	82196	11.26	角闪岩	钻孔
79	M01_16	2.64	4287	205646	10.93	脉体	钻孔
80	M01_17	2.74	2563	13359	10.57	角闪岩	钻孔
81	M01_19	2.60	3357	13009	7.78	脉体	钻孔
82	M01_20	2.66	3443	401	3.72	片麻岩	钻孔
83	M01_21	2.64	2	1516	2.37		钻孔
84	M01_22	2.58	2	127614	9.19	脉体	钻孔
85	M01_23	2.61	2	65503	8.95	肉红色细粒花岗岩	钻孔
86	M01_24	2.67	332	335054	16.54	片麻花岗岩	钻孔
87	M01_25	2.64	11	115141	12.45		钻孔
88	M01_26	2.60	388	135740	11.88		钻孔
89	M01_27	2.65	90	72013	14.07		钻孔
90	M01_28	2.61	228	63689	6.24	脉体	钻孔
91	M01_29	2.65	201	135740	11.88	片麻花岗岩	钻孔
92	M01_30	2.65	165	72013	14.07		钻孔
93	M01_31	2.62	266	18247	7.00	肉红色细粒花岗岩	钻孔
94	M01_32	2.62	2	64715	9.55		钻孔
95	M01_33	3.01	620	21069	1.40	角闪片麻岩	钻孔

续表

序号	编号	密度 （g/cm³）	磁化率 （4π×10⁻⁶）	电阻率 （Ω·m）	极化率 （%）	岩性	备注
96	M01_34	2.72	288	2854	1.23	片麻岩	钻孔
97	M01_35	2.68	579	4465	1.62		钻孔
98	M01_36	2.63	373	122065	7.90	花岗岩	钻孔

C）光石沟铀矿床

序号	编号	密度 （g/cm³）	磁化率 （4π×10⁻⁶）	电阻率 （Ω·m）	极化率 （%）	岩性	备注
1	11_01	3.00	717	5181	7.61	片麻岩	钻孔
2	11_02	2.77	601	46208	1.36	片麻带脉体	钻孔
3	11_04	2.63	506	11382	3.46	脉体	钻孔
4	11_05	2.67	119	10359	6.88	片麻岩、混合岩	钻孔
5	11_06	2.81	85	65125	1.87	脉体	钻孔
6	11_07	2.56	1021	68258	1.29		钻孔
7	11_08	2.64	1	14120	5.14		钻孔
8	11_09	2.62	10	19318	1.58		钻孔
9	11_10	2.60	8	6508	8.23	角闪岩	钻孔
10	11_11	2.77	2	267	0.11	片麻岩	钻孔
11	11_12	2.66	25820	6306	5.49		钻孔
12	11_13	2.54	768	7223	9.06	脉体	钻孔
13	11_14	2.76	165	28796	0.94	片麻岩	钻孔
14	11_15	2.67	140	1318	0.90	脉体	钻孔
15	11_16	2.72	334	5757	4.72	片麻岩	钻孔
16	11_17	2.67	44	7324	5.35		钻孔
17	11_18	2.85	293	8460	4.64		钻孔
18	11_19	2.76	211	8693	5.53	脉体	钻孔
19	11_20	2.61	337	17775	4.40	混合岩、脉体	钻孔
20	11_21	2.92	37	4984	7.02	脉体	钻孔
21	11_22	2.85	329	20530	1.60	脉体	钻孔
22	11_23	2.65	243	7386	7.25	片麻岩	钻孔
23	11_24	2.68	433	9032	7.56	脉体	钻孔
24	11_25	2.60	285	10013	7.61	肉红色脉体	钻孔

序号	编号	密度 （g/cm³）	磁化率 （4π×10⁻⁶）	电阻率 （Ω·m）	极化率 （%）	岩性	备注
25	11_26	2.65	7	5081	7.69		钻孔
26	11_27	2.77	6	29740	2.33	片麻岩	钻孔
27	11_28	3.01	392	44267	1.47		钻孔
28	11_29	2.64	10	56171	1.41	肉红色花岗岩	钻孔
29	11_30	2.67	227	10036	6.60		钻孔
30	11_31	2.61	112	1695	6.10	片麻岩	钻孔
31	11_32	2.62	9	9543	5.11	脉体	钻孔
32	11_33	2.65	5	1125	8.98		钻孔
33	11_34	2.77	9793	3	18.00	片麻岩	钻孔
34	11_35	2.62	38	38334	0.56	脉体	钻孔
35	11_36	2.75	2570	7533	6.17		钻孔
36	11_37	2.73	368	15169	1.95	片麻岩	钻孔
37	11_38	2.73	177	1136	3.50		钻孔
38	11_39	2.68	72	90493	1.62	脉体	钻孔
39	11_40	2.89	330	6873	0.77		钻孔
40	11_41	2.76	266	77268	1.80		钻孔
41	11_42	2.76	725	46133	1.00	片麻岩	钻孔
42	11_43	8.92	727	3132	4.98		钻孔
43	11_44	2.74	1094	6781	1.53		钻孔
44	11_45	2.76	1130	6046	8.58		钻孔
45	11_46	2.76	193	5013	6.18	脉体	钻孔
46	20_01	2.58	2	928	8.10		钻孔
47	20_02	2.72	174	27225	0.97	片麻岩	钻孔
48	20_03	2.62	7	8726	0.55	脉体	钻孔
49	20_04	2.67	69	33586	0.93	含矿脉体	钻孔
50	20_05	2.70	547	17544	1.88	片麻岩	钻孔
51	20_06	2.60	3	10855	0.51	脉体	钻孔
52	20_07	2.74	199	63096	1.28	片麻岩	钻孔
53	20_08	2.60	37	24232	0.68	脉体	钻孔
54	20_09	2.68	547	374	1.90		钻孔
55	20_10	2.72	247	12291	4.29	片麻岩	钻孔
56	20_11	2.68	1640	2293	10.50		钻孔

续表

序号	编号	密度 （g/cm³）	磁化率 （4π×10⁻⁶）	电阻率 （Ω·m）	极化率 （%）	岩性	备注
57	20_12	2.57	318	1129	8.28	脉体	钻孔
58	20_13	2.58	14	1159	8.75	脉体	钻孔
59	20_14	2.71	22	1446	8.26	脉体	钻孔
60	20_15	2.67	103	895	8.40	片麻岩	钻孔
61	20_16	3.13	146	1154	7.87		钻孔
62	20_17	2.81	305	74865	1.51	片麻岩	钻孔
63	20_18	2.63	114	49423	1.16	脉体	钻孔
64	20_19	2.82	661	101	10.85		钻孔
65	20_20	2.60	15	33056	1.02		钻孔
66	20_21	2.63	13	1199	10.05		钻孔
67	20_22	2.61	16	9234	0.65	肉红色岩体、 大毛沟岩体	钻孔
68	20_23	2.56	25	1332	0.51		钻孔
69	20_24	2.60	28	1647	0.56		钻孔
70	20_25	2.57	41	13133	0.75		钻孔
71	20_26	3.06	620	13188	3.59	片麻岩	钻孔
72	20_27	2.80	2850	48153	3.47	角闪岩	钻孔
73	20_28	2.62	603	22836	1.71	岩脉	钻孔
74	20_29	2.66	115	1679	8.71	片麻岩	钻孔
75	20_30	2.60	8	10301	5.55	岩脉	钻孔
76	20_31	2.73	573	25127	1.28	片麻岩	钻孔
77	20_32	2.68	48	1821	10.00	岩脉	钻孔
78	20_33	2.59	429	1077	7.94	片麻	钻孔
79	20_34	2.64	358	49180	1.09	岩脉	钻孔
80	20_35	2.72	1160	9952	2.36	片麻岩	钻孔
81	20_36	2.59	3	31482	0.75	岩脉	钻孔
82	20_37	2.64	292	10739	1.24		钻孔
83	20_38	2.70	266	29125	1.12	片麻岩	钻孔
84	20_39	2.68	356	12601	2.12	脉体	钻孔
85	20_40	2.70	220	1395	7.72		钻孔
86	20_41	2.72	209	12161	0.93	片麻岩	钻孔
87	20_42	2.86	1163	1171	8.27		钻孔

序号	编号	密度 （g/cm³）	磁化率 （4π×10⁻⁶）	电阻率 （Ω·m）	极化率 （%）	岩性	备注
88	64_01	2.64	5177	3632	8.19	大毛沟岩体	钻孔
89	64_02	2.63	4910	14811	3.20		钻孔
90	64_03	2.63	1042	3249	8.68		钻孔
91	64_05	2.59	4677	1033	9.39		钻孔
92	64_06	2.61	8313	1423	9.13	肉红色大毛沟岩体	钻孔
93	64_07	2.60	4370	8835	1.72	大毛沟岩体	钻孔
94	64_08	2.58	12	1521	9.52	肉红色大毛沟岩体	钻孔
95	64_09	2.58	5287	1366	9.24		钻孔
96	64_10	2.14	46	1585	9.11		钻孔
97	64_11	2.64	272	75499	1.26	大毛沟岩体	钻孔
98	64_12	2.60	4103	36238	1.16		钻孔
99	64_13	2.65	3287	33391	1.24		钻孔
100	56_01	2.63	96	7309	5.37	伟晶岩脉	钻孔
101	56_02	2.69	89	36183	0.11	片麻岩	钻孔
102	56_03	2.73	181	3853	2.89	片麻岩	钻孔
103	56_04	2.84	999	25699	1.78		钻孔
104	56_05	2.95	400	11255	4.88		钻孔
105	56_06	2.63	2	73772	1.28	伟晶岩脉	钻孔
106	56_08	2.62	9	16893	0.61	岩体	钻孔
107	56_09	2.61	264	21234	0.78	肉色脉体	钻孔
108	56_10	2.76	4	121278	2.21	片麻岩	钻孔
109	56_11	2.59	177	22126	1.19	脉体	钻孔
110	56_12	2.76	200	5463	4.44	片麻岩	钻孔
111	56_13	2.76	157	15201	7.02		钻孔
112	56_14	2.74	317	7182	4.63		钻孔
113	56_15	2.75	424	324726	4.17		钻孔
114	56_16	2.97	79	8055	4.13		钻孔
115	56_17	2.71	16	3131	0.82		钻孔
116	56_18	2.61	5	17577	0.37	脉体	钻孔
117	56_19	2.45	3	6448	3.75		钻孔
118	56_20	2.59	150	27354	0.91		钻孔

续表

序号	编号	密度 （g/cm³）	磁化率 （4π×10⁻⁶）	电阻率 （Ω·m）	极化率 （%）	岩性	备注
119	56_21	2.73	11	4212	0.49		钻孔
120	56_22	2.63	216	16123	0.44	片麻岩	钻孔
121	56_23	2.74	3	8624	3.98		钻孔
122	56_24	2.59	18	6761	7.34		钻孔
123	56_25	2.58	38	4034	3.43		钻孔
124	56_26	2.64	20	17864	0.85	脉体	钻孔
125	56_27	2.62	1	7516	0.50		钻孔
126	56_28	2.59	712	3072	8.41		钻孔
127	56_29	2.81	218	5946	1.05		钻孔
128	56_30	2.77	687	7275	6.70		钻孔
129	56_31	2.69	73	34233	1.14	片麻岩	钻孔
130	56_32	2.75	272	22078	1.09		钻孔
131	56_33	2.68	558	2845	2.36		钻孔
132	56_34	2.65	6	4147	8.68	脉体	钻孔
133	56_35	2.66	6	40400	1.05		钻孔
134	56_36	2.75	814	5076	5.68	片麻岩	钻孔
135	56_37	2.74	387	33797	2.53		钻孔
136	56_38	2.60	1	27869	1.01	脉体	钻孔
137	56_39	2.59	4	11435	4.50		钻孔
138	56_40	2.82	369	78112	1.75	片麻岩	钻孔
139	56_41	3.13	407	121403	1.78		钻孔
140	56_42	2.66	61	3451	2.20	脉体	钻孔
141	56_43	2.69	774	151796	2.17	片麻岩	钻孔
142	56_44	2.60	154	1275	9.56		钻孔
143	56_45	2.71	117	126237	1.62		钻孔
144	56_46	2.60	21	2884	0.27		钻孔
145	56_47	2.76	262	18169	1.14	片麻岩	钻孔
146	56_48	2.76	181	2825	9.63		钻孔
147	56_49	2.71	330	179	0.39		钻孔
148	56_50	2.75	273	24678	1.03		钻孔
149	56_51	2.66	41	4583	0.22	脉体	钻孔
150	56_52	2.72	410	2212	0.54	片麻岩	钻孔

序号	编号	密度 （g/cm³）	磁化率 （4π×10⁻⁶）	电阻率 （Ω·m）	极化率 （%）	岩性	备注
151	56_53	2.84	1239	48188	1.74	脉体	钻孔
152	56_54	2.74	794	4651	8.09	片麻岩	钻孔
153	56_55	2.60	2	36598	0.90	脉体	钻孔
154	56_56	2.62	10	3698	2.79		钻孔
155	56_57	2.74	114	10076	2.06		钻孔
156	56_58	2.75	1066	1368	9.19	片麻岩	钻孔
157	56_59	2.65	77	107075	0.99		钻孔
158	56_60	2.91	345	1093	1.56	脉体	钻孔
159	56_61	2.77	101	3293	9.20	片麻岩	钻孔
160	402_01	2.77	647	7418	4.35	片麻	钻孔
161	402_02	2.74	226	1740	8.41	脉体	钻孔
162	402_03	2.76	402	8044	2.36	片麻	钻孔
163	402_04	2.73	144	5702	0.54		钻孔
164	402_05	2.66	963	2541	9.00	脉体	钻孔
165	402_06	2.64	29	1153	7.60		钻孔
166	402_07	2.62	22	1283	10.40	大毛沟岩体	钻孔
167	402_08	2.63	9	18407	1.10		钻孔
168	402_09	2.68	78	3882	8.70	脉体	钻孔
169	402_10	2.73	107	9915	1.27	片麻	钻孔
170	402_11	2.79	266	1074	7.80		钻孔
171	402_12	2.63	19	40109	0.80	脉体	钻孔
172	402_13	2.75	2923	994	9.00	片麻	钻孔
173	402_14	2.75	120	1399	10.60		钻孔
174	402_15	2.78	151	1548	9.90		钻孔
175	402_16	2.77	175	1314	7.83		钻孔
176	402_17	2.73	209	1036	10.50		钻孔
177	402_18	2.81	237	1182	9.80		钻孔
178	402_19	2.83	574	95	6.70		钻孔
179	402_21	2.59	47	3651	5.90	脉体	钻孔
180	402_22	2.62	37	1868	9.30		钻孔
181	402_23	2.62	36	1443	7.10		钻孔
182	402_24	2.62	26	2924	9.80		钻孔

续表

序号	编号	密度 （g/cm³）	磁化率 （4π×10⁻⁶）	电阻率 （Ω·m）	极化率 （%）	岩性	备注
183	402_25	2.80	302	39146	0.96	片麻岩	钻孔
184	402_26	2.80	338	5754	0.87	片麻岩	钻孔
185	402_27	2.75	158	2363	0.34		钻孔
186	402_28	2.67	96	46286	1.17	脉体	钻孔
187	402_29	2.16	978	1936	4.37	片麻岩	钻孔
188	402_30	2.69	624	3739	1.54		钻孔
189	402_31	2.65	7	1518	10.30	脉体	钻孔
190	402_32	2.72	24	679	7.90	片麻岩	钻孔
191	402_33	2.77	274	499	7.60		钻孔
192	402_34	2.73	210	998	7.10		钻孔
193	402_35	2.64	1837	2014	0.36	脉体	钻孔
194	402_36	2.59	33	1386	7.99		钻孔
195	402_37	2.62	12	2167	6.00		钻孔
196	402_38	2.60	606	1061	6.91		钻孔
197	402_39	2.91	1041	974	8.50	片麻岩	钻孔
198	402_40	2.85	161	3496	8.50		钻孔
199	402_41	2.71	112	1143	8.53		钻孔
200	402_42	2.61	37	1983	9.00	脉体	钻孔

主要参考文献

陈辉，邓居智，吕庆田，等．2015．九瑞矿集区重磁三维约束反演及深部找矿意义．地球物理学报，58（12）：4478-4489

陈辉，邓居智，李红星，等．2015．江西相山铀矿田综合地球物理探测及深部地质结构研究．2015年中国地球科学联合学术年会论文集．北京：中国地球物理学会

陈姝霓．2018．基于L-BFGS的大地电磁三维反演研究及其在相山火山盆地中的应用．东华理工大学硕士学位论文

陈佑纬，胡瑞忠，毕献武，等．2015．北秦岭光石沟伟晶岩型铀矿床相关花岗岩的地球化学特征及其地质意义．矿物学报．35（S1）：279

陈越．2014．相山铀矿田地球物理特征及深部地质结构研究．核工业北京地质研究院博士学位论文

程志平．2007．电法勘探教程．北京：冶金工业出版社

邓居智，陈辉，殷长春，等．2015．九瑞矿集区三维电性结构研究及找矿意义．地球物理学报，58（12）：4465-4477

邓平，凌洪飞，沈渭洲，等．2005．粤北石土岭铀矿床碱交代作用成因探讨．地质论评，51（05）：79-87

丁瑞钦，梁天锡．2003．下庄矿田构造岩浆演化与富铀成矿作用初探．铀矿地质，19（01）：21-27

冯张生，张夏涛，焦金荣，等．2013．陕西省丹凤地区花岗伟晶岩型铀矿特征及找矿方向．西北地质，46（02）：159-166

冯志军，黄宏坤，曾文伟，等．2011．下庄铀矿田及外围深部找矿的地质依据．铀矿地质，27（04）：221-224

高成，王建国，胡小佳，等．2017．陕西商丹地区铀矿成矿规律及勘查方法组合探讨．地下水，39（05）：104-106

管志宁．2005．地磁场与磁力勘探．北京：地质出版社

郭福生，谢财富，邓居智，等．2017a．矿田三维地质调查方法与实践——以江西相山火山盆地为例．北京：科学出版社

郭福生，林子瑜，黎广荣，等．2017b．江西相山火山盆地地质结构研究：来自大地电磁测深及三维地质建模的证据．地球物理学报，60（04）：1491-1510

郭福生，吴志春，李祥，等．2018．江西相山火山盆地三维地质建模的实践与思考．地质通报，37（Z1）：421-434

何德宝，范洪海，汪昱．2016．下庄铀矿田成矿模式．铀矿地质，32（03）：152-158

黄国龙，吴烈勤，邓平，等．2006．粤北花岗岩型铀矿找矿潜力及找矿方向．铀矿地质，22（05）：267-275+280

黄逸伟，邓居智，陈辉，等．2017．基于Robust的AMT阻抗张量估计算法参数影响研究．东华理工大学学报（自然科学版），40（01）：52-57

蒋才洋，邓居智，陈辉，等．2014．有机物污染土壤复电阻率频散特性实验．工程地球物理学报，11（03）：387-395

蒋才洋．2014．岩（矿）石复电阻率测试与复阻抗模型研究．东华理工大学硕士学位论文

李冠男, 邓居智, 陈辉. 2015. 改进的 Dias 复电阻率模型在江西相山铀矿田中适用性研究. 工程地球物理学报, 12 (06): 732-740

李红星, 谢尚平, 邓居智, 等. 2017. 相山火山盆地主要地质单元物性特征分析. 科学技术与工程, 17 (27): 8-14

李金铭. 2004. 激发极化法方法技术指南. 北京: 地质出版社

李永涛, 陶喜林. 2009. 低功耗智能岩 (矿) 石密度测定仪的研制. 实验室研究与探索, 28 (10): 26-28

罗潇, 王彦国, 邓居智, 等. 2017. 位场异常分离方法的对比分析——以江西相山铀多金属矿田为例. 地球物理学进展, 32 (03): 1190-1196

罗忠戍, 沙亚洲, 张展适, 等. 2008. 丹凤地区花岗伟晶岩型铀矿富集规律及成矿远景预测研究报告. 北京: 中国核工业地质局

万明浩. 1994. 岩石物理性质及其在石油勘探中的应用. 北京: 地质出版社

王峰, 郭福生, 吴志春, 等. 2016. 基于 CSAMT 和 3D 重磁地球物理模型综合解译相山石洞地区深部地质结构. 地球物理学进展, 31 (06): 2657-2663

王峰. 2016. 基于 CSAMT 解译邹家山—居隆庵地区深部地质结构. 东华理工大学硕士学位论文

王菊婵, 崔海洲, 杨海宏, 等. 2015. 陕西商丹地区铀矿成矿特征及成矿作用研究. 陕西地质, 33 (02): 63-69

王菊婵, 崔海洲, 沙亚洲, 等. 2018a. 陕西商丹地区伟晶花岗岩型铀矿床"三位一体"找矿预测地质模型. 地下水, 40 (02): 84-86

王菊婵, 康清清, 崔海洲, 等. 2018b. 北秦岭丹凤地区伟晶岩型铀矿控矿因素分析及找矿方向. 铀矿地质, 34 (04): 209-215

王锐, 吴燕冈, 王君. 2006. 岩 (矿) 石密度仪的设计. 吉林大学学报 (信息科学版), 24 (06): 672-676

吴烈勤, 谭正中, 刘汝洲, 等. 2003. 粤北下庄矿田铀矿成矿时代探讨. 铀矿地质, 19 (01): 28-33

吴烈勤, 谭正中. 2004. 粤北下庄铀矿田富铀矿找矿前景探讨. 铀矿地质, 20 (01): 10-15

吴姿颖, 邓居智, 王彦国, 等. 2018. 重力向下延拓的迭代法对比分析研究. 物探化探计算技术, 40 (02): 189-196

言会. 2007. 江西省区域岩石物性数据手册. 北京: 地质出版社

曾华霖. 2005. 重力场与重力勘探. 北京: 地质出版社

张珂, 闫亚鹏, 赖中信, 等. 2011, 下庄铀矿田构造特征及与热液铀矿化的关系. 地学前缘, 18 (01): 118-125

张展适, 华仁民, 巫建华, 等. 2009. 下庄铀矿田 337 矿床成矿机理及动力学背景. 铀矿地质, 25 (01): 1-6

祝福荣, 邓居智, 陈辉, 等. 2013. 参考道方法在大地电磁测深数据中的应用研究. 东华理工大学学报 (自然科学版), 36 (S1): 73-78

祝福荣. 2014. 相山铀矿田大地电磁去噪技术研究. 东华理工大学硕士学位论文

Ge K, Liu Q, Deng J, et al. 2017. Rock magnetic investigation and its geological significance for vein-type uranium deposits in southern China. Geochemistry Geophysics Geosystems, 18 (04): 1333-1349